eXamen.press

eXamen.press ist eine Reihe, die Theorie und Praxis aus allen Bereichen der Informatik für die Hochschulausbildung vermittelt.

Klaus Voss

Integralgeometrie
für Stereologie
und Bildrekonstruktion

Mit 50 Abbildungen und 8 Tabellen

 Springer

Prof.em. Klaus Voss
Fakultät für Mathematik und Informatik
Lehrstuhl Digitale Bildverarbeitung
Friedrich-Schiller-Universität Jena
Ernst-Abbe-Platz 2
07743 Jena
klausvoss@gmx.de

Bibliografische Information der Deutschen Nationalbibliothek
Die Deutsche Nationalbibliothek verzeichnet diese Publikation in der Deutschen
Nationalbibliografie; detaillierte bibliografische Daten sind im Internet über
http://dnb.d-nb.de abrufbar.

ISSN 1614-5216
ISBN 978-3-540-37229-5 Springer Berlin Heidelberg New York

Springer ist ein Unternehmen von Springer Science+Business Media

springer.de

© Springer-Verlag Berlin Heidelberg 2007

Satz: Druckfertige Daten des Autors
Herstellung: LE-TEX, Jelonek, Schmidt & Vöckler GbR, Leipzig
Umschlaggestaltung: KünkelLopka Werbeagentur, Heidelberg
Gedruckt auf säurefreiem Papier   33/3142 YL   –   5 4 3 2 1 0

Vorwort

Das vorliegende Buch ist klassischen Ergebnissen der Integralgeometrie und ihren praktischen Anwendungen in der Stereologie und der Bildrekonstruktion gewidmet. Es unterscheidet sich aber in mehrfacher Hinsicht von vorhandenen Monographien.

Da die Integralgeometrie im Hinblick auf Anwendungen in den Gebieten der Geometrischen Wahrscheinlichkeiten und der Stochastischen Geometrie dargestellt werden soll, sehe ich einen Leser vor mir, zu dessen Rüstzeug eher elementargeometrische Kenntnisse gehören als maßtheoretische oder differentialgeometrischen Techniken, die bei den traditionellen Beweisen der zentralen integralgeometrischen Formeln eingesetzt werden. Auch die moderne Betrachtung der Integralgeometrie, bei der es im Wesentlichen um die Inversion verschiedener Integraltransformationen auf Mannigfaltigkeiten konstanter Krümmung geht [Ge03], bleibt außerhalb des hier behandelten Stoffes.

Obwohl die Integralgeometrie eine auch für „mathematische Laien" faszinierende Erfahrung ist, gibt es kaum Bücher darüber und kaum eine Vorlesung (wenn man von rein mathematischen Werken wie die von Schneider/Weil [Sc92] oder Gelfand/Gindikin/Graev [Ge03] absieht. Auch in dem monumentalen, knapp 2000 Seiten umfassenden Nachschlagewerk „CRC Concise Encyclopedia of Mathematics " von Weisstein, das im Jahre 1999 erschienen ist, findet sich kein Eintrag *integral geometry*, kein Eintrag *stochastic geometry* und kein Eintrag *support function of a convex body*.

Etwas anders dagegen das zweibändige, ebenfalls etwa 2000 Seiten starke „Mathematische Wörterbuch", das von Naas und Schmid im Jahre 1961 herausgegeben wurde. Doch auch dort liest man unter dem Stichwort *Integralgeometrie* lediglich folgendes:

„In der Integralgeometrie geht man von Mengen M von Figuren X eines Raumes R aus, die bezüglich einer in R wirkenden Transformationsgruppe G kongruent sind, d.h. durch Operationen von G transitiv vertauscht werden können. Insbesondere werden Integrale der Form $J(f) = \int f(X)\, dX$ gebildet, wo f eine über M definierte Funktion ist und die Integration sich über alle $X \in M$ erstreckt. Dabei bezeichnet dX die G-Dichte von X. Diese ist eine Differentialform der wesentlichen Parameter, welche eine individuell aus M ausgewählte Figur eindeutig kennzeichnen und so angesetzt werden muß, daß das Integral bezüglich G invariant ausfällt. Diese Forderung besagt nun folgendes: Ist $X_0 \in M$ eine feste Auswahlfigur und $X \in M$ beliebig, so gilt $X = X_0^{\varkappa}$ mit $\varkappa \in G$. Setzt man jetzt $f^*(X) = f(X_0^{\alpha \varkappa \beta})$ mit $X = X_0^{\varkappa}$ und $\alpha, \beta \in G$, so muß $J(f) = J(f^*)$ ausfallen. Ist $N \subset M$ und bezeichnet $\varepsilon(X)$ die charakteristische Funktion von N, so daß $\varepsilon(X) = 1$ oder 0 (bei $X \in N$ oder $X \notin N$), so heißt $J(\varepsilon) = \int \varepsilon(X) \, dX$ das Maß oder auch die integralgeometrische Anzahl der in N enthaltenen Figuren."

Das erste Kapitel „Konvexe Mengen" soll diese „Erklärung" mit Leben erfüllen. Daß es dabei nicht immer abstrakt mathematisch zugeht, ist meiner Ausbildung in theoretischer Physik an der Technischen Universität Dresden geschuldet, die maßgeblich durch Professor Wilhelm Macke geprägt wurde. In seinem Buch „Mechanik der Teilchen, Systeme und Kontinua" (Leipzig 1962) betont er im Vorwort:

„Bei der Darstellung des Stoffs wird stets vom empirischen Standpunkt ausgegangen und jede Axiomatik vermieden. Diesem induktiven Vorgehen liegt die Absicht zugrunde, jeden Gegenstand mit dem jeweils geringsten Aufwand verständlich zu machen. Außerdem wird der Stoff dabei dem Lernenden erheblich leichter zugänglich als bei einer deduktiven Darstellung."

Inwieweit mir die Einführung in die Integralgeometrie gelungen ist, mag der Leser nach dem Durcharbeiten des ersten Kapitels selbst entscheiden. Ich hoffe, daß er (der Leser, aber möglicherweise auch die eine oder andere Leserin) dann in der Lage ist, das obige Zitat aus dem „Mathematischen Wörterbuch" inhaltlich zu verstehen. Um das Durcharbeiten etwas zu erleichtern, habe ich einige Abschnitte mit einem Stern gekennzeichnet (zum Beispiel das Kapitel 2.3* mit dem Inhalt „Höhere Potenzen von Sehnenlängen und Punktdistanzen"): diese Ausführungen sind entweder sehr speziell oder aber sehr theoretisch.

Besonders liegt mir am Herzen, daß die Bedeutung der Integralgeometrie für Probleme der Stereologie und der Bildrekonstruktion erkannt wird. Denn wenn man auch mit Hilfe einer einfachen stereologischen Formel wie etwa $V_V = A_A = L_L = P_P$ mikroskopische Schnitte in Medizin und Biologie oder Schliffe in der Petrographie und der Metallurgie auswerten kann, so wird ein tieferes Verständnis derartiger Zusammenhänge und die Kenntnis einiger weiterer Formeln die praktischen Anwendungen doch wesentlich unterstützen können.

Vielleicht sollte ich hier noch auf die wesentlichen Unterschiede zwischen der Integralgeometrie, der stochastischen Geometrie und der Bildverarbeitung eingehen. In der folgenden Abbildung ist links ein Segment unterhalb der Parabel $y = x^2$ im Bereich $0 < x < 1$ dargestellt. Die Aufgabe besteht darin, den Flächeninhalt dieses Segmentes zu bestimmen (dunkelgraues Gebiet).

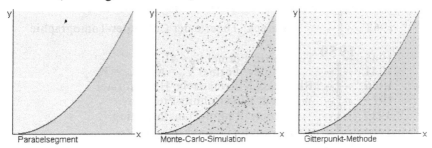

Die Integralgeometrie nutzt zur Lösung die Methoden der Integralrechnung, so daß wir die Fläche

$$F_{\text{int}} = \int_0^1 x^2 \, dx = \frac{1}{3}$$

erhalten. Im Rahmen der stochastischen Geometrie wird die Fläche durch die Monte-Carlo-Methode mittels der Formel $F_{\text{MC}} \approx z_{\text{mc}} / z_{\text{ges}}$ abgeschätzt. Hier ist z_{ges} die Anzahl aller im Grundbereich zufällig verteilten Punkte (x, y) und z_{mc} die Anzahl aller im Parabelsegment liegenden Punkte mit $y < x^2$. Die Bildverarbeitung legt über den Grundbereich ein Punktgitter und ermittelt die Fläche durch $F_{\text{GP}} \approx z_{\text{gp}} / z_{\text{ges}}$ mit z_{gp} als Anzahl aller Punkte des Parabelsegmentes.

Zu Anfang und am Ende des Buches sind einige historische Notizen in den mathematischen Text eingefügt. Für mich war es immer interessant zu wissen, was derjenige gedacht und getan hat, der erstmals eine Formel wie zum Beispiel $V_V = A_A$ aufschrieb. Vielleicht kann auch der Leser davon profitieren, daß die Geschichte der Integralgeometrie und die Biographien ihrer Vertreter in wenigen Sätzen beleuchtet werden.

Klaus Voss   Jena, März 2007

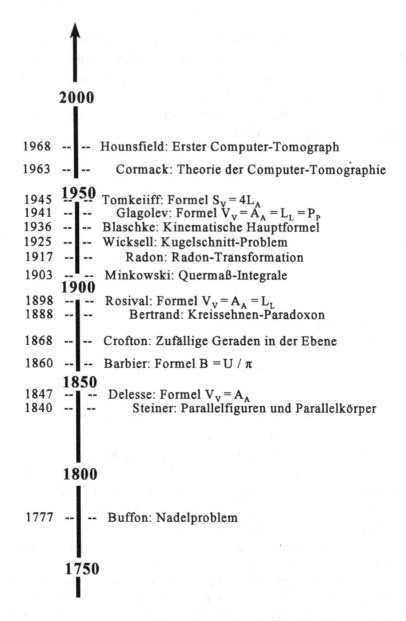

2000

1968 -- -- Hounsfield: Erster Computer-Tomograph

1963 -- -- Cormack: Theorie der Computer-Tomographie

1945 **1950** Tomkeiiff: Formel $S_V = 4L_A$
1941 -- -- Glagolev: Formel $V_V = A_A = L_L = P_P$
1936 -- -- Blaschke: Kinematische Hauptformel
1925 -- -- Wicksell: Kugelschnitt-Problem
1917 -- -- Radon: Radon-Transformation

1903 -- -- Minkowski: Quermaß-Integrale
1900
1898 -- -- Rosival: Formel $V_V = A_A = L_L$
1888 -- -- Bertrand: Kreissehnen-Paradoxon

1868 -- -- Crofton: Zufällige Geraden in der Ebene

1860 -- -- Barbier: Formel $B = U / \pi$

1850
1847 -- -- Delesse: Formel $V_V = A_A$
1840 -- -- Steiner: Parallelfiguren und Parallelkörper

1800

1777 -- -- Buffon: Nadelproblem

1750

Inhaltsverzeichnis

1 Konvexe Mengen

1.1 Geschichtlicher Überblick

1.1.1 Die Anfänge

Im vorliegenden Buch sollen einige der Grundgedanken der Integralgeometrie sowie deren Anwendung in Stereologie und Bildverarbeitung dargestellt werden. Dabei dienen die stereologischen Methoden zur weiteren Bearbeitung der durch die digitale Bildverarbeitung erhaltenen Daten, indem Aussagen über die dem zweidimensionalen Bild zugrunde liegenden räumlichen Strukturen getroffen werden sollen. Ein grundlegender Begriff für alle diese Untersuchungen ist der der konvexen Menge [Bo34, Le80].

Aber wir werden erkennen, daß eine große Anzahl wichtiger Formeln allgemeiner auch für beliebige Figuren der Ebene und beliebig geformte Körper des Raumes gelten. Zu den stereologischen Problemen, Resultaten und Anwendungen gibt es eine Vielzahl von Monografien [Un70, Sa76, We80, St83, Se84, St87]. In vielen Fällen liefert dabei die Integralgeometrie bzw. die Stochastische Geometrie wesentliche Beiträge [Bl55, Ke63, Ma75, Sa76, Se84, Sc92]. Die digitale Bildverarbeitung wird hier nur insofern von Bedeutung sein, als daß durch sie die grundlegenden Meßdaten zur Verfügung stellt, aus denen dann stereologische Schlußfolgerungen gezogen werden können.

Die mathematischen Grundlagen der Stereologie sind durch die Begriffe „Integralgeometrie" und „geometrische Wahrscheinlichkeit" gekennzeichnet. Obwohl deren Anfänge sich über 200 Jahre zurückverfolgen lassen, sind viele Ergebnisse außerhalb der Stereologie und der stochastischen Geometrie auch heute noch weitgehend unbekannt. Deshalb soll hier vor allem die elementare zweidimensionale Integralgeometrie vorgestellt werden und deren praktisch bedeutsamen dreidimensionalen Verallgemeinerungen.

Der Graf Buffon (1707-1788) war der erste Wissenschaftler, der an einem einfachen aber sehr instruktiven Beispiel das Zusammenwirken von Integralrechnung, Geometrie und Wahrscheinlichkeitsrechnung demonstrierte. Bei diesem sogenannten *Nadelproblem* wird die Ebene durch im Abstand a verlaufende parallele Geraden in Streifen aufgeteilt. Eine Nadel der Länge l wird dann willkürlich auf die Paralle-

lenschar geworfen, und es wird gefragt, wie groß die Wahrscheinlichkeit ist, daß die Nadel eine der parallelen Geraden schneidet (siehe
die folgendeAbbildung). Dabei wird angenommen, daß die Nadellänge
kleiner ist als der Abstand der Geraden, so daß bei jedem Versuch
höchstens ein Schnittpunkt auftreten kann [Ro78].

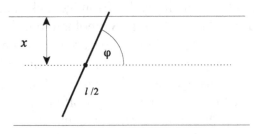

Buffonsches Nadelproblem

Da alle Lagen der Nadel gleichwahrscheinlich sein sollen, erhalten wir
ein Maß J_N für die „Anzahl" der möglichen Lagen der Nadel, indem
wir über alle möglichen Abstände x des Nadelmittelpunktes von einer
der Geraden und über alle möglichen Winkel φ integrieren (vorausgesetzt natürlich, daß alle Abstände und alle Winkel mit der gleichen
Wahrscheinlichkeit auftreten):

$$J_N = \int_{-a/2}^{a/2} dx \int_0^\pi d\varphi = \int_0^\pi d\varphi \int_{-a/2}^{a/2} dx = \pi a \ .$$

Ein Schneiden von Nadel und einer der Geraden tritt allerdings nur
dann auf, wenn für den Abstand x die Bedingung $|x| < (l/2)\sin \varphi$ gilt.
Das entsprechende Maß J_S ist daher

$$J_S = \int_0^\pi d\varphi \left[2 \int_0^{l/2 \cdot \sin\varphi} dx \right] = l \int_0^\pi \sin\varphi \, d\varphi = 2l \ .$$

Bei der Durchführung eines Nadelwurf-Experimentes werden wir bei
Z_N Würfen $Z_S < Z_N$ Schnittpunkte beobachten. Da wir aber immer nur
endlich viele Versuche durchführen können, gilt die Beziehung

$$\frac{J_S}{J_N} = \frac{2l}{\pi a} \approx \frac{Z_S}{Z_N} \, .$$

Diese Näherungsgleichung löste Buffon nach π auf und erhielt damit das verblüffende Resultat

$$\pi \approx \frac{2l}{a} \cdot \frac{Z_N}{Z_S} \, .$$

Es bot sich hiermit also die Möglichkeit, den Wert der Kreiszahl π „experimentell" zu finden (siehe dazu auch Abschnitt 2.2.2). Der englische Kapitän Fox, der auf Grund einer ernsthaften Verwundung keinen aktiven Militärdienst mehr verrichten konnte, hat um 1864 entsprechende Experimente durchgeführt. Er erhielt für π Werte zwischen 3.14 und 3.18 [Mi78, Gn68].

Anders als im 18. Jahrhundert besteht für uns der Wert des Ergebnisses $\pi \approx (2l/a) \cdot (Z_N/Z_S)$ jedoch darin, daß man eine der beiden Größen a oder l bestimmen kann, wenn man die andere kennt. Auf diese Weise braucht man gegebenenfalls keine Längenmessungen vorzunehmen, um eine unbekannte Länge ermitteln zu können. Die beiden Beziehungen

$$a \approx \frac{2l}{\pi} \cdot \frac{Z_N}{Z_S} \qquad \text{und} \qquad l \approx \frac{\pi a}{2} \cdot \frac{Z_S}{Z_N}$$

wurden damit zum Ausgangspunkt der *Stereologie* – so wie die Gleichung $J_S / J_N = 2l/\pi a$ den Beginn der *Integralgeometrie* kennzeichnet.

Als Geburtsstunde der Wahrscheinlichkeitstheorie werden häufig Pascals Betrachtungen über Glücksspiele angesehen. Die Anfänge der Integralgeometrie und der geometrischen Wahrscheinlichkeiten lassen sich auf eine geometrische Variante solcher Glücksspiele zurückführen, die Buffon 1733 in einem Vortrag vor der Académie Française vorstellte: Eine Münze wird in zufälliger Weise auf einen Fußboden geworfen, der nach Art eines regelmäßigen Mosaiks unterteilt ist, z.B. in Dreiecke, Quadrate, Sechsecke. Der eine Spieler wettet, daß die Münze ganz innerhalb eines Mosaiksteins liegt, der andere hält dagegen, daß eine Kante getroffen wird (siehe dazu Aufgabe A2.7). Wie sind die

Chancen verteilt? Buffon hat solche Wahrscheinlichkeiten berechnet und im Rahmen einer erst 1777 erschienenen größeren Arbeit veröffentlicht [Bu77].

Jedoch hat Buffon die Anerkennung seiner wegweisenden Idee nicht mehr erlebt. Erst im folgenden Jahrhundert wurden auf der Grundlage seines Nadelproblems bedeutende Fortschritte erzielt. Diesmal war es Crofton (1826-1915), ein Engländer, der sich – angeregt von Buffon – um die Integralgeometrie und die geometrische Wahrscheinlichkeit verdient machte. Crofton war von 1870-1884 Professor für Mathematik an der Militärakademie London. In einer Reihe von Arbeiten [Cr68, Cr69, Cr77] erhielt er als erster einige bemerkenswerte Formeln für ebene konvexe Figuren (mittlere Sehnenlänge $\bar{s} = \pi F/U$ mit F als Fläche und U als Umfang der jeweiligen Figur) sowie Formeln für die Mittelwerte von Sehnenlängenpotenzen.

Aber auch unabhängig von Mathematikern wurden im 19. Jahrhundert schon einige wichtige Formeln der Stereologie, dem praktischen Teil der Integralgeometrie, gefunden. So hat der französische Geologe Delesse (1817–1881) bereits 1847 die Beziehung $V_V = A_A$ angegeben [De47, De48], wonach der Volumenanteil einer zufällig verteilten Materialkomponente (der sogenannten „Phase") gleich dem Flächenanteil dieser Materialkomponente im Anschliff ist.

G.L.L. Buffon	A.L. Cauchy	J. Steiner
(1707–1788)	(1789–1857)	(1796–1863)

1.1.2 Mathematische Grundlagen

Zum Teil waren einige der grundlegenden Croftonschen Formeln bereits vorher von Cauchy gefunden worden [Ca41], der auch wichtige Ergebnisse für den dreidimensionalen Raum erhielt (beispielsweise für die Anzahl der Geraden und Ebenen, die einen konvexen Körper treffen). Cauchy lehrte als Mathematiker an der École Polytechnique in Paris. Bereits im Alter von 22 Jahren zeigte er, daß die Winkel eines konvexen Polyeders durch seine Seitenflächen bestimmt sind. Doch ist die Geometrie im allgemeinen und die Integralgeometrie im besonderen für Cauchy nur ein Randgebiet gewesen. Sein Hauptthema war die Analysis, der die überwiegende Mehrzahl seiner 789 wissenschaftlichen Arbeiten gewidmet ist.

Im Gegensatz zu dem Analytiker Cauchy war Steiner ein Geometer. Er studierte in Heidelberg und leitete später bis zu seinem Tode einen Lehrstuhl an der Berliner Universität. Steiner lieferte 1836 den Beweis, daß der Kreis die Figur mit dem größten Flächeninhalt unter allen Figuren mit gegebenen Umfang ist [St40]. Er entdeckte die Beziehungen zwischen den geometrischen Charakteristika von Parallelflächen und Parallelkörpern (Fläche, Umfang, Volumen usw.) und zeigte die Bedeutung der Begriffe „Kantenkrümmung" und „Eckenkrümmung".

Ein wesentlicher Fortschritt wurde durch den Begriff der „frei beweglichen Figuren" erreicht. Sie wurden Ende des neunzehnten Jahrhunderts von Poincaré eingeführt [Po96] und später insbesondere von Blaschke [Bl55] und Santaló als methodisches Hilfsmittel in der Integralgeometrie verwendet.

Alle diese geometrisch geprägten Begriffe wurden von Herrmann Minkowski dahingehend verallgemeinert, daß der allgemeine Begriff der „Quermaß-Integrale" eingeführt wurde. Die Quermaß-Integrale als Maße für n-dimensionale konvexe Körper fassen die einzelnen Ergebnisse von Cauchy, Crofton und Steiner unter einem einheitlichen Gesichtspunkt zusammen [Mi03].

Während in der klassischen Integralgeometrie die Mittelwerte geometrischer Größen die fast allein vorherrschende Rolle spielten, gewannen seit etwa 1960 die Untersuchungen zur statistischen Verteilung geometrischer Größen zunehmend an Bedeutung [Ke63, Ha74, Sa76, Ma75, Ri81, St87, Sc92].

Um sich Klarheit über den zugrundegelegten Wahrscheinlichkeitsraum zu verschaffen, ist es nützlich, die Rollen von Nadel und Geradenschar zu vertauschen, das heißt, die Nadel als fest anzusehen (mit dem Mittelpunkt im Ursprung und einer durch die X-Achse festgelegter Richtung) und die Gerade zufällig zu wählen.

| H. Poincaré | W. Blaschke | H. Minkowski |
| (1854–1912) | (1885–1962) | (1864–1909) |

Die Problematik der Auswahl geeigneter Koordinaten wurde besonders deutlich gemacht durch das Bertrandsche Paradoxon [Be88]. Bertrand (1822–1900) betrachtete die Wahrscheinlichkeit p, daß eine zufällig im Einheitskreis gezogene Sehne s länger ist als $\sqrt{3}$. Er gab drei verschiedene Lösungen an, die sich durch die spezielle Definition der „Zufälligkeit" ergaben. Zunächst kann man wie im Buffonschen Nadelproblem die Abstands-Richtungs-Darstellung der Sehnen zugrunde legen, womit man $p = 1/2$ erhält.

Bestimmt man dagegen die Lage der Sehne durch die beiden Winkel, die die Ortsvektoren der Endpunkte der Sehne mit der X-Achse bilden, und wählt diese völlig unabhängig voneinander, so ergibt sich $p = 1/3$. Beschreibt man schließlich die Sehne durch ihren Mittelpunkt und wählt diesen gleichverteilt im Kreis, so erhält man das Ergebnis $p = 1/4$ (siehe dazu Abschnitt 1.2.3).

„Die von Blaschke begründete Integralgeometrie handelt von beweglichen Figuren im Raum und von invarianten Integralen, die sich bei ihnen bilden lassen". Dieses Zitat aus Hadwiger [Ha57] beschreibt recht gut die wesentlichen Elemente der Integralgeometrie: Es geht um bewegte Figuren und um invariante Mittelwerte im Zusammenhang mit solchen bewegten Figuren. Nach frühen Resultaten von Crofton, Poincaré und anderen und angeregt durch Herglotz hat Wilhelm Blaschke mit seinen Schülern in den Jahren nach 1935 eine systematische Theorie erarbeitet, die er „Integralgeometrie" nannte. Hauptergebnis war neben den älteren Resultaten (Cauchysche Projektionsformel, Croftonsche Schnittformel) die „kinematische Hauptformel" für den dreidimensionalen Raum, die die Anzahl der Schnitte zwischen zwei konvexen Körpern bestimmt (siehe Abschnitt 2.1.4).

Noch einmal: Die Integralgeometrie ist dasjenige Teilgebiet der Geometrie, das sich mit der Bestimmung und Anwendung von Mittelwerten geometrisch definierter Funktionen befaßt. Zu den Grundlagen der Integralgeometrie gehören daher einerseits Teile der Theorie invarianter Maße in homogenen Räumen, andererseits gewisse Gebiete aus der Geometrie der Punktmengen, wie etwa die Theorie der Polyeder oder die der konvexen Mengen.

Ursprünglich aus Fragestellungen über geometrische Wahrscheinlichkeiten entstanden und von Blaschke, Chern, Hadwiger, Santaló und anderen ab 1935 entwickelt, hat sich die Integralgeometrie als wichtiges Hilfsmittel in der Stochastischen Geometrie und deren Anwendungsgebieten (Stereologie, Bildanalyse, Bildrekonstruktion) erwiesen.

L.A. Santaló	G. Matheron	J. Serra
(1911–2001)	(1930–2000)	(*1940)

Invariante Maße und die zugehörigen Integrale sind etwa seit Beginn des 20. Jahrhunderts untersucht worden. Geometrische Wahrscheinlichkeitsprobleme, die im Kern erste Ansätze dazu enthielten, traten eher in den Hintergrund.

Die Mengen, bezüglich denen die Integralen berechnet wurden, waren neben affinen Unterräumen zunächst kompakte konvexe Mengen (konvexe Körper). Die Ausdehnung der Theorie auf glatte nichtkonvexe Flächen (und auf nichteuklidische Räume) verdankt man hauptsächlich Santaló und Chern (1911–2004), die Ausdehnung auf den Konvexring (mit endlichen Vereinigungen konvexer Körper) wurde von Hadwiger (1908–1981) durchgeführt.

Frühe Arbeiten zur Integralgeometrie benutzten die sogenannten „integralgeometrische Dichten" (Geradendichte, Bewegungsdichte usw.). Diese zunächst etwas vage verwendeten Begriffsbildungen wurden dann mittels Differentialformen präzisiert.

Darstellungen dieses klassischen Teils der Integralgeometrie sind in den Büchern von Blaschke [Bl37, Bl55], Santaló [Sa53], Hadwiger [Ha57] und Stoka [St68] zu finden. Eine ausführliche Behandlung der Integralgeometrie, die auch neuere Resultate und die Anwendungen auf stochastische Problemstellungen berücksichtigt, wurde von Santaló gegeben [Sa76].

Die Wahl des Lebesgue-Maßes für die exakte Grundlegung der stochastischen Geometrie erscheint im Hinblick auf seine geometrischen Invarianzeigenschaften natürlich, da es ja (bis auf Normierung) das einzige Maß auf dem $\mathbb{R}^2$ ist, das invariant gegenüber Translationen, Drehungen und Spiegelungen bleibt. Allerdings wirken sich die Invarianzeigenschaften je nach Art der Parametrisierung in unterschiedlicher Weise aus.

Es ist daher naheliegend, bei diesen und anderen geometrischen Wahrscheinlichkeitsproblemen direkt nach solchen Maßen zu fragen, die ähnliche Invarianzeigenschaften haben wie das Lebesgue-Maß, also etwa bewegungsinvariant sind. Von den drei den Lösungen des Bertrandschen Paradoxons zugrundeliegenden Maßen hat nur das erste diese Eigenschaft (es wird auch bei der Lösung des Buffonschen Nadelproblems benutzt).

In den Anwendungen der Stochastischen Geometrie werden Modelle, denen invariante Maße zugrunde liegen, dann heranzuziehen sein, wenn bei der zu beschreibenden Situation Invarianzeigenschaften wie Stationarität oder Isotropie angenommen werden können.

1.1.3 Stereologie und Stochastische Geometrie

Neben der Stereologie ist die etwa ab 1970 entstandene Stochastische Geometrie ausschlaggebend gewesen für das neu erwachte Interesse an der Integralgeometrie. Die Stochastische Geometrie behandelt Modelle für zufällige Mengen und Felder zufälliger Mengen (Punktprozesse). Ihr Ansatz ist grundlegend allgemeiner als der bei geometrischen Wahrscheinlichkeiten, wo zufällig bewegte Mengen fester Form und Anzahl vorausgesetzt werden.

Einen Einblick in die Grundlagen dieser Theorie geben die Bücher von Harding/Kendall [Ha74] und Matheron [Ma75]. Die drei Gebiete Integralgeometrie, Stochastische Geometrie und Stereologie haben sich in den letzten Jahren wechselseitig beeinflußt und neue Entwicklungen ausgelöst. Einige Mitteilungen zur geschichtlichen Entwicklung der stochastischen Geometrie sind im von Kendall geschriebenen Vorwort des Buches [St87] zu finden.

Neue integralgeometrische Formeln ergaben sich aus stereologischen Anwendungen. Für die meisten integralgeometrischen Formeln wurden Gegenstücke bei zufälligen Mengen und geometrischen Punktprozessen aufgestellt. Eine aktuelle Übersicht (aber weitgehend ohne Beweise) über Resultate der Integralgeometrie und ihre Querverbindungen zur Stochastischen Geometrie und zur Stereologie wird zum Beispiel in den Büchern von Stoyan/Kendall/Mecke [St87] und Mecke/Schneider/ Stoyan/Weil [Me90] gegeben.

Wir haben die Einleitung in die Theorie der konvexen Mengen mit einer geometrischen Variante des Münzwurfs begonnen, mit dem Buffonschen Nadelproblem. Wir wollen sie beenden mit einem geometrischen Gegenstück zu einem anderen Glücksspiel, dem Werfen von Würfeln. Bei dieser Version kommt es wie bei den Buffonschen Varianten des Münzwurfs, nicht auf die geworfene Augenzahl an, sondern auf die Lage der Würfel.

Stellen wir uns vor, daß zwei kongruente Würfel im Raum zufällig so geworfen werden, daß sie sich berühren (siehe dazu [Sc92]). Es werden nur zwei Berührsituationen positive Wahrscheinlichkeit haben, „Kante gegen Kante" (KK) und „Ecke gegen Seite" (ES). Wenn zwei Spieler auf diese beiden komplementären Ereignisse setzen, welcher Spieler hat dann die höhere Gewinnerwartung?

Das Resultat heißt

Kante gegen Kante: $p_{KK} = 3\pi/(8+3\pi) \approx 0.54088$
Ecke gegen Seite: $p_{ES} = 8/(8+3\pi) \approx 0.45912$

Aber wichtiger als das Spielerische ist die praktische Anwendung der Integralgeometrie in Stereologie und Bildverarbeitung. Die von Delesse gefundene Formel $V_V = A_A$ kennen wir bereits. Später wurde dann von Rosival gezeigt, daß sogar $V_V = A_A = L_L$ gilt, d.h. daß sich auch aus dem Längenanteil der Materialkomponente der Volumenanteil bestimmen läßt [Ro98]. Und schließlich wurde im 20. Jahrhundert die erweiterte Formel $V_V = A_A = L_L = P_P$ in die Praxis eingeführt, wonach man schon mittels einer einfachen Punktzählung den Volumenanteil einer Phase ermitteln kann [Gl41].

Allerdings war zu Beginn dieser Entwicklung die Erfassung der stereologischen Rohdaten – was eigentlich immer auf das Zählen von Punkten hinauslief – eine sehr mühsame Beschäftigung. So wird von Saltykow mitgeteilt, daß man bei 6 Phasen und 1000 Zählpunkten etwa 15-20 Minuten aufwenden muß und daß sogar bei „geeigneter Mechanisierung" 10 Minuten erforderlich sind [Sa74]. Der Name „Stereologie" wurde wahrscheinlich erstmalig 1961 auf dem ersten internationalen Kongreß für Stereologie in Wien als Bezeichnung für dieses Wissensgebiet eingeführt [Ha80].

Es ist bemerkenswert, daß viele praktisch bedeutsame Formeln der Integralgeometrie unabhängig von der „reinen" Mathematik gefunden wurden, sei es in der Gesteinskunde (Petrographie), der Metallographie [Sa67, Sa74] oder der Biomedizin. So wird in regelmäßigem vierjährigen Abstand der Internationale Kongreß für Stereologie durchgeführt, auf dem stets auch mathematisch-theoretische Arbeiten vorgestellt werden.

Etwa um das Jahr 1970 kam überraschend neues Interesse an der Integralgeometrie auf. In der Stereologie (und später der Bildanalyse) arbeiteten Naturwissenschaftler, Materialwissenschaftler und Mediziner an dem Problem, Mittelwerte von geometrischen Größen zwei- und dreidimensionaler Strukturen mit Hilfe von linearen und ebenen Schnitten zu schätzen. Ein Beispiel dieser Art ist die Bestimmung der spezifischen inneren Oberfläche S_V der Lunge eines Säugetiers, für die nur die Messung der spezifischen Randlänge L_A in einem mikroskopischen ebenen Schnitt zur Verfügung steht. Die dazu in der Stereologie benutzte Formel hat die Gestalt

$$S_V = \frac{4}{\pi} L_A \, ,$$

wobei die rechte Seite als Mittelwert über alle ebenen Schnitte zu verstehen ist, also als Erwartungswert, wenn die Schnittebenen zufällig gewählt werden. Formeln dieser Art, die von Anwendern teils auf heuristische Weise hergeleitet wurden, erwiesen sich als Spezialfälle klassischer Ergebnisse der Integralgeometrie.

Die Integralgeometrie lieferte nicht nur die mathematische Begründung für Formeln dieses Typs, sondern auch die Bedingungen für deren Gültigkeit, also etwa die Verteilung, nach der die zufällige Schnittebene gewählt werden muß. Im obigen Beispiel $S_V = 4L_A/\pi$ etwa ist dies nicht die vom verschiebungsinvarianten Ebenenmaß herrührende Verteilung, sondern eine Verteilung, die auch alle möglichen Winkellagen der Ebene berücksichtigt.

Mikrotom älterer Bauart

Mehr und mehr haben sich die stereologischen Methoden in Disziplinen wie der Materialforschung [Un70] und der Biomedizin etabliert [El83, We79, We80]. Dabei gibt es jedoch den „technischen" Unterschied, daß man in Materialforschung mit *Anschliffen* (Schnitte der Dicke $d=0$) arbeitet und in der Biomedizin (vielleicht mit Ausnahme von Knochenuntersuchungen) *Schnitte* untersucht (Schnitte der Dicke $d>0$).

Für die Herstellung von „dicken" Schnitten, die natürlich sehr dünn sind (0.02-1.0 µm in der Elektronenmikroskopie, 2-10 µm in der Lichtmikroskopie) benutzt man spezielle Geräte, die *Mikrotome*. Das Mikrotom wurde von J.E. Purkinje eingeführt (1787-1869), einem tschechischen Physiologen, der ein Pionier auf den Gebieten Histologie, Embryologie und Pharmakologie war und sich insbesondere mit den Funktionen von Auge, Herz und Gehirn befaßte.

Zum Schluß dieser einleitenden Bemerkungen sei noch erwähnt, daß im Juni 1977 zum 200. Jahrestag der Veröffentlichung von Buffons Formel in Paris ein Symposium stattfand („*Geometrical Probability and Biological Structures*"). Es wurde durchgeführt im „Jardin des Plantes de Paris", dem botanischen Garten, den Buffon geschaffen hatte und dem er die letzten Jahre seines Lebens widmete. Unter den Teilnehmern waren vertreten: Miles und Serra, DeHoff und Weibel, Mandelbrot und Matheron, Gundersen und Santaló – die Liste liest sich wie ein „*Who is who*"der Stereologie und Integralgeometrie.

1.2 Konvexe planare Figuren

1.2.1 Stützabstand und Stützfunktion

Die Theorie der konvexen Figuren und konvexen Körper ist insbesondere deshalb ein besonders reizvolles mathematisches Gebiet, weil es in ihrem Rahmen möglich ist, aus wenigen anschaulichen Voraussetzungen heraus und mit wenigen grundlegenden Kenntnissen der Analysis und Geometrie eine Vielzahl theoretisch interessanter und auch praktisch bedeutsamer Resultate herzuleiten.

Eine konvexe Figur K (allgemeiner auch ein konvexer Körper) ist durch folgende spezielle Eigenschaft gekennzeichnet: Je zwei Punkte $p,q \in K$ besitzen einen endlichen Abstand, und alle Punkte r, die auf der geraden Strecke zwischen p und q liegen, gehören ebenfalls zu K. Damit sind Kreise, Rechtecke und Ellipsen konvexe Figuren, nicht aber Sterne oder Kreisringe. Insbesondere in der älteren Literatur (beispielsweise bei Blaschke, [Bl55]) werden konvexe Körper deshalb sehr anschaulich als *Eikörper* bezeichnet. Wenn sich die Integralgeometrie im allgemeinen auch mit beliebigen n-dimensionalen Punktmengen beschäftigt, so sollen hier im ersten Kapitel doch ausschließlich die konvexen Figuren untersucht werden.

Eine Gerade G wird als *Stützgerade* einer konvexen ebenen Figur K bezeichnet, wenn G eine Tangente an K ist. Sämtliche Stützgeraden von K bilden eine Kurvenschar, deren Enveloppe (Einhüllende) der Rand ∂K der konvexen Figur ist (siehe Abbildung 1.1). Wenn wir uns den Ursprung O eines Polarkoordinatensystems im Inneren von K denken, so kann eine Gerade G durch ihre Normalenrichtung φ und ihren Abstand p vom Ursprung, den sogenannten *Stützabstand* bezüglich der Richtung φ, beschrieben werden, d.h. die Normalform der Geradengleichung ist $x \cdot \cos \varphi + y \cdot \cos \varphi = p$. Für jede Richtung φ ergibt sich ein eindeutig bestimmter Tangentenabstand $p = p(\varphi)$, so daß wir die folgende allgemeine Tangentengleichung erhalten:

$$x \cdot \cos \varphi + y \cdot \sin \varphi = p(\varphi) \ . \qquad (1.1)$$

In Formel (1.1) ist φ der Parameter der Stützgeraden, und die jeweilige Stützfunktion $p(\varphi)$ beschreibt die konkrete Form der konvexen Figur.

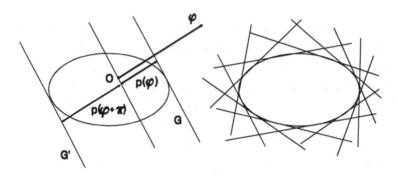

Abb. 1.1 - Stützgeraden und Enveloppe der Stützgeradenschar

1.2.2 Umfang und mittlere Breite

In der Gleichung (1.1) sind x und y die Koordinaten der auf einer Tangente t liegenden Punkte, wobei die Tangente durch den Winkel φ bestimmt ist. Wenn nun für einen zweiten Winkel φ' die Tangente t' festgelegt wird, dann haben wir mit den beiden Gleichungen

$$x \cdot \cos\varphi + y \cdot \sin\varphi = p(\varphi) \quad , \quad x \cdot \cos\varphi' + y \cdot \sin\varphi' = p($$

zwei lineare Gleichungen für die beiden Unbekannten x und y, so daß wir die Lösung

$$-\frac{p(\varphi) \cdot \sin\varphi' - p(\varphi') \cdot \sin\varphi}{\sin(\varphi - \varphi')} \quad , \quad y = -\frac{p(\varphi) \cdot \cos\varphi' - p}{\sin(\varphi -}$$

für die Koordinaten des Schnittpunktes q der beiden Tangenten t und t' erhalten (siehe Abbildung 1.2).

Setzen wir jetzt $\varphi' = \varphi + \Delta\varphi$ und lassen die Differenz $\Delta\varphi$ sehr klein werden, so können wir die Gleichung $x \cos\varphi' + y \sin\varphi' = p(\varphi')$ mit $\sin\Delta\varphi \approx \Delta\varphi$ und $\cos\Delta\varphi \approx 1$ durch

$$x \cdot (\cos\varphi - \Delta\varphi\sin\varphi) + y \cdot (\sin\varphi + \Delta\varphi\cos\varphi) = p(\varphi) + \Delta$$

ersetzen, was mit der ersten Gleichung $x \sin \varphi + y \cos \varphi = p(\varphi)$ sofort auf

$$p'(\varphi) = \frac{\partial p}{\partial \varphi} = -x \cdot \sin\varphi + y \cdot \cos\varphi \qquad (1.2)$$

führt. Das ist aber nichts anderes als die nach φ differenzierte Gleichung (1.1).

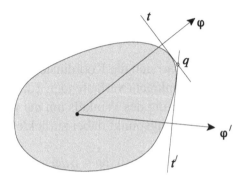

Abb. 1.2 - Schnittpunkt zweier Tangenten

Wenn man also die allgemeine Gleichung $f(x,y,c)=0$ einer Kurvenschar nach dem Scharparameter c differenziert (in unserem Fall also nach dem Winkel φ), so erhält man die Möglichkeit, durch Elimination des Scharparameters die Gleichung der Enveloppe der Kurvenschar zu bestimmen. In unserem Fall folgen aus der Gleichung (1.1) und aus der nach φ differenzierten Gleichung (1.2) sofort die beiden Koordinaten x und y als Funktionen von φ:

$$\begin{aligned} x &= p\cos\varphi - p'\sin\varphi \\ y &= p\sin\varphi + p'\cos\varphi \end{aligned} \qquad (1.3)$$

Die sich aus (1.3) ergebenden Punkte $(x(\varphi), y(\varphi))$ liegen sämtlich auf der Enveloppe (der Einhüllenden) der Tangenten an die vorgegebene konvexe Figur (siehe Abbildung 1.2), d.h. (1.3) beschreibt den Rand dieser Figur (der Punkt $(x(\varphi), y(\varphi))$ ist der Berührungspunkt der Tangente t mit der Figur).

Da $p(\varphi)$ im Gleichungssystem (1.3) nur allgemein gegeben ist, kann man den Parameter φ aus diesen beiden Gleichungen nicht eliminieren, um etwa eine Gleichung der Form $f(x,y)=0$ für den Rand der jeweiligen Figur zu erhalten. Das System (1.3) ist jedoch nichts anderes als die Parameterdarstellung der Enveloppe der Geradenschar (1.1) und damit die Parameterdarstellung des Randes ∂K der konvexen Figur K. Wenn sich der Winkel φ um einen kleinen Betrag $d\varphi$ ändert, so folgen aus (1.3) die differentiellen Änderungen von x und y:

$$dx = -(p + p'') \sin\varphi \, d\varphi$$
$$dy = +(p + p'') \cos\varphi \, d\varphi \tag{1.4}$$

Diese Gleichung beschreibt, wie sich die Koordinaten des Berührungspunktes der zur Richtung φ senkrecht verlaufenden Tangente bei einer Vergrößerung oder Verkleinerung des Winkels um $d\varphi$ verändern. Die Wegdifferenz, die der Berührungspunkt dabei zurücklegt, ist durch

$$ds = \sqrt{dx^2 + dy^2} = (p + p'') \, d\varphi = \varrho \, d\varphi \tag{1.5}$$

festgelegt. Die Größe ϱ gibt den Krümmungsradius des Randes ∂K der konvexen Figur K im Berührungspunkt der entsprechenden Tangente an (für konvexe Figuren können wir immer vereinbaren, daß das positive Vorzeichen der Wurzel in (1.5) verwendet wird, d.h., daß mit wachsendem φ auch die Bogenlänge zunimmt).

Die *Kurvenkrümmung* $\varkappa = 1/\varrho$ ist ein Maß für die Richtungsänderung der Tangente in Abhängigkeit von der Bogenlänge s. Das Differential $\varkappa ds = ds/\varrho = d\varphi$ beschreibt die Änderung des Tangentenwinkels, wenn die nach der Bogenlänge parametrisierte Kurve von s bis $s + ds$ durchlaufen wird. Bei geschlossenen und überschneidungsfreien Kurven gilt also für die *totale Krümmung* τ die Formel

$$\tau = \oint \varkappa \, ds = \oint d\varphi = 2\pi \ .$$

Die Totalkrümmung $\tau = 2\pi$ einer solchen Kurve entspricht der gesamten Änderung der Tangentenrichtung bei einem einmaligen Umlauf um die Kurve.

Wenn nun der Winkel φ einmal von 0 bis 2π läuft, dann hat der Berührungspunkt der Tangente den gesamten Rand ∂K überstrichen, d.h., der zurückgelegte Weg ist gleich dem Umfang von K:

$$U = \int_{\partial K} ds = \int_0^{2\pi} \left(p + p''\right) d\varphi = \int_0^{2\pi} p\, d\varphi \ . \qquad (1.6)$$

Bei dieser Integration haben wir berücksichtigt, daß $p(\varphi)$ eine periodische Funktion ist, so daß die Integrale über beliebige Ableitungen von $p(\varphi)$ stets verschwinden.

Betrachten wir nun die Breite B der konvexen Figur K bezüglich einer gegebenen Richtung φ. Wenn der Koordinatenursprung innerhalb der Figur liegt (siehe Abbildung 1.3), ist

$$B(\varphi) = p(\varphi) + p(\varphi + \pi) \ . \qquad (1.7)$$

Deshalb kann man die mittlere Breite der Figur bei Berücksichtigung von (1.6) durch die folgende einfache Formel berechnen:

$$\overline{B} = \frac{1}{2\pi} \int_0^{2\pi} B(\varphi)\, d\varphi = \frac{U}{\pi} \qquad (1.8)$$

Diese Formel ist einfach in ihrer Struktur und verblüffend in ihrer Aussage: Unabhängig davon, wie die konvexe Figur K aussieht, ist die mittlere Breite eindeutig durch den Umfang U von K bestimmt. Die Formel gilt nicht nur für kreis- oder ellipsenartige Figuren, sondern auch für konvexe Figuren „mit Ecken", d.h. auch für ganz oder teilweise durch Strecken begrenzte konvexe Figuren und damit auch für konvexe Polygone. Speziell gilt das Barbiersche Theorem, daß alle Figuren konstanter Breite den gleichen Umfang besitzen.

Wir können die Formel (1.8) auch folgendermaßen interpretieren: Die „Anzahl" $Z(\varphi)$ der Geraden, die senkrecht zur Richtung φ verlaufen und dabei die gegebene Figur schneiden, ist proportional zur Breite $B(\varphi)$. Also ist die „Gesamtanzahl" Z_K aller dieser die Figur K schneidenden Geraden proportional dem Integral über $B(\varphi)$:

$$Z_K \sim \int_0^\pi B(\varphi)\, d\varphi = U \qquad (1.9)$$

ier brauchte nur von 0 bis π integriert zu werden, da die beiden Richtungen φ und $\varphi+\pi$ der Geradennormalen dieselbe Gerade (allerdings mit unterschiedlicher Normalenrichtung) beschreiben. Wenn wir im Weiteren von „Anzahl aller Geraden" sprechen, so werden wir darunter stets „ungerichtete" Geraden verstehen, d.h. die beiden Geraden $G(p,\varphi)$ und $G(-p, \varphi+\pi)$ werden als identisch angesehen.

Der Umfang U einer konvexen Figur K ist also ein „integralgeometrisches Maß" für Z_K, die „Anzahl aller Geraden", die K schneiden. Wir haben das Wort *Anzahl* in Anführungsstriche gesetzt, da es sich hier nicht um 100 oder 10^6 oder 10^{100} Geraden handelt (also um irgendeine ganze Zahl), sondern dieses Maß ist dimensionsbehaftet, d.h. Z_K ist beispielsweise 1 Millimeter oder 1 Meter oder 1 Kilometer.

Ein einzelnes Geradenmaß hat in diesem Sinn keine zahlenmäßige Bedeutung. Wenn wir aber fragen, ob ein Kreis vom Durchmesser d oder aber ein Quadrat der Seitenlänge d von mehr Geraden getroffen werden, so finden wir das Verhältnis

$$\frac{Z_{\text{Kreis}}}{Z_{\text{Quadrat}}} = \frac{U_{\text{Kreis}}}{U_{\text{Quadrat}}} = \frac{\pi\, d}{4\, d} \approx 0.7854 \ , \qquad (1.10)$$

d.h. die Anzahl der den Kreis treffenden Geraden beträgt nur etwa 78.5% der Anzahl aller das Quadrat schneidenden Geraden.

Bei einer Parallelprojektion in Richtung φ liefert die dazu senkrechte Breite $B(\varphi+\pi/2)$ einer konvexen Figur gleichzeitig die Länge $L(\varphi)$ der Schattenlinie (siehe Abbildung 1.3):

$$L(\varphi) = B(\varphi+\pi/2) = p(\varphi+\pi/2) + p(\varphi-\pi/2) \ .$$

Damit erhalten wir für die mittlere Schattenlänge einer konvexen Figur sofort das Theorem von Barbier [Ba60]:

$$\overline{L} = \overline{B} = U/\pi \ . \qquad (1.11)$$

Es entsteht die interessante Frage, ob man aus der Kenntnis „aller"

Schattenlinien einer konvexen Figur oder aus der Kenntnis aller ihrer Breiten, d.h. aus der Kenntnis der Funktionen $L(\varphi)$ oder $B(\varphi)$, die Stützfunktion $p(\varphi)$ und damit die Gestalt der konvexen Figur ableiten kann. Dieses Problem ist beispielsweise von praktischer Bedeutung, wenn man aus der optisch gemessenen Breite von Walzstäben das Profil der Stäbe bestimmen soll.

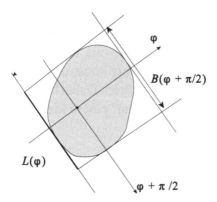

Abb. 1.3 - Breite $B(\varphi+\pi/2)$ und Schattenlinie $L(\varphi)$

Bei zentralsymmetrischen Figuren kann man den Koordinatenursprung derart wählen, daß $p(\varphi)=p(\varphi+\pi)$ gilt. Damit erhält man die Beziehung $L(\varphi)=2\,p(\varphi+\pi/2)=B(\varphi+\pi/2)$ und folglich $p(\varphi)=B(\varphi)/2$.

Im allgemeinen Fall ist die Aufgabe, die Stützfunktion $p(\varphi)$ aus $B(\varphi)$ zu ermitteln, jedoch nicht zu lösen. Zum Beweis dieser Behauptung sind in Abbildung 1.4 drei Beispiele angegeben, bei denen zwar $B(\varphi)=const$ gilt, jedoch nur im Fall des Kreises $p(\varphi) = r$. Obwohl es sich um unterschiedliche Figuren handelt, sind alle Breitenfunktionen gleich.

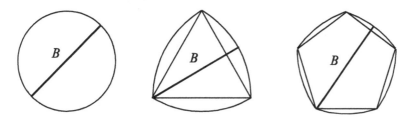

Abb. 1.4 - Figuren gleicher konstanter Breite

Alle diese Figuren werden auch als „Gleichdicke" bezeichnet. Man kann das Bogendreieck (Abbildung 1.4 Mitte) zu einem Gleichdick ohne Ecken weiterentwickeln, indem man zu einer Parallelfigur übergeht (siehe Abschnitt 1.3.1).

Statt von Gleichdicken spricht man bei solchen Objekten wie den in Abbildung 1.4 gezeigten auch von Reuleaux-Polygonen, weil der deutsche Ingenieur Reuleaux diese Objekte im Maschinenbau angewendet hat. Aber auch in anderen Zusammenhängen sind Gleichdicke – wie die folgenden vier Beispiele zeigen – als interessante geometrische Figuren anzutreffen. Der von Reuleaux konstruierte Bohrer ermöglicht es, „fast quadratische" Löcher zu bohren. Dabei bewegt sich der Mittelpunkt des Gleichdicks exzentrisch auf einem kleinen Kreis.

Englische Münze

Bogenfenster Notre-Dame

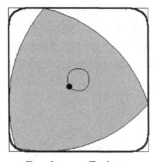

Reuleaux-Bohrer

Wankel-Motor

Auch im Wankel-Motor (Kreiskolbenmotor, benannt nach seinem Erfinder Felix Wankel) ist das Gleichdick zu finden. Der Wankelmotor ist ein Verbrennungsmotor, bei dem keine zylindrischen Kolben in einem Zylinder in axialer Richtung hin und her bewegt werden. Statt

dessen findet sich die umkehrfreie Bewegung eines so genannten Kreis-
kolbens, der – auf einer Exzenterwelle angeordnet – um seine eigene
Achse rotiert. Die Ecken des Kolbens stehen ständig in Kontakt mit
dem Motorgehäuse und bilden so drei unabhängige Arbeitsräume.

1.2.3 Fläche und mittlere Sehnenlänge

Um die Fläche F einer konvexen Figur bestimmen zu können, gehen
wir von der Abbildung 1.5 aus. Wenn wir uns die Figur aus infinitesimalen Dreiecken der Grundlinie ds und der Höhe $p(\varphi)$ zusammengesetzt denken, dann folgt mit Formel (1.5) und $(p'p)' = p'' p + p'p'$
sofort

$$F = \frac{1}{2} \int_{\partial K} p \, ds = \frac{1}{2} \int_0^{2\pi} p\left(p + p''\right) d\varphi = \frac{1}{2} \int_0^{2\pi} \left(p^2 - p'^2\right) d\varphi \qquad (1.12)$$

Man kann die Fläche einer Figur aber auch dadurch bestimmen, daß
man die Figur in viele schmale parallele Streifen zerlegt.

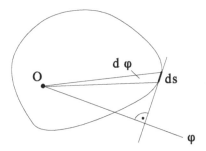

Abb. 1.5 - Zur Bestimmung der Fläche einer konvexen Figur

Der linke Kreis in Abbildung 1.6 gibt uns eine ungefähre Vorstellung
davon, wie die Geraden angeordnet sein könnten. Jede der Geraden
$x \cdot \cos \varphi + y \cdot \cos = p$ liefert (bei konvexen Figuren) genau eine Sehne, falls
es zum Schnitt kommt. Die entsprechende Sehnenlänge sei $s(\varphi)$. Die
„Summe" S_φ aller Sehnenlängen bei fester Normalenrichtung φ der
Geraden – besser gesagt, das integralgeometrische Maß der Sehnen-
längensumme – ist dann durch

$$S_\varphi \sim \int\limits_{p(\varphi-\pi)}^{p(\varphi)} s(p,\varphi)\,dp = F_\varphi = F \qquad (1.13)$$

gegeben, wobei F wieder die Fläche der konvexen Figur ist. Dieses Ergebnis ist nicht allzu überraschend, da die Zerlegung der Figur in schmale parallele Streifen der Breite Δp im Grenzwert $\Delta p \rightarrow 0$ gerade den Flächeninhalt liefert. Das integralgeometrische Maß S_K der „Summe aller Sehnenlängen" ergibt sich nun durch Integration über alle Winkel, d.h. es ist

$$S_K = \int\limits_0^\pi S_\varphi\,d\varphi \sim \int\limits_0^\pi F_\varphi\,d\varphi = \pi F \;. \qquad (1.14)$$

Auch hier braucht uns nicht zu stören, daß das Maß S_K die Dimension mm^2 oder m^2 oder km^2 besitzt – es ist eben nur ein „Maß". Da andererseits die „Anzahl aller Sehnen" N_K durch die Formel (1.9) geliefert wird, erhalten wir für die mittlere Sehnenlänge die Formel

$$\overline{s_K} = \frac{S_K}{N_K} = \frac{\pi F}{U} \;. \qquad (1.15)$$

Wesentlich bei den hier dargestellten Überlegungen ist, daß die Verteilung der die Figur schneidenden Geraden homogen und isotrop ist. Um diese Forderung zu veranschaulichen, sind in Abbildung (1.6) „gleichverteilte" Sehnen auf unterschiedliche Art in drei Kreise eingezeichnet (Bertrandsches Paradoxon, siehe dazu [Sc92]).

Abb. 1.6 - „Gleichverteilte" Sehnen in Kreisen

Die Sehnenverteilung im linken Kreis entspricht der bisher verwendeten Geradendefinition $x \cdot \cos \varphi + y \cdot \sin \varphi = p$. Im mittleren Kreis wurden die Sehnen so eingezeichnet, daß der zweite Endpunkt gleichverteilt auf dem Kreisumfang liegt. Und schließlich sind die Sehnen des dritten Kreises durch äquidistante Differenzen der Lage ihrer Endpunkte auf dem Kreisdurchmesser charakterisiert. Berechnet man nun die mittlere Sehnenlänge in diesen drei Fällen, so sind drei Integrale auszuwerten, die die folgenden Werte besitzen:

$$I_1 \sim \frac{1}{R} \int_0^R s(h)\, dh = \frac{2}{R} \int_0^R \sqrt{R^2 - h^2}\, dh = \frac{\pi R}{2} = 1.570...R$$

$$I_2 \sim \frac{1}{\pi R} \int_0^{\pi R} s(b)\, db = \frac{2}{\pi} \int_0^{\pi R} \sin\left(\frac{b}{2R}\right) db = \frac{4R}{\pi} = 1.273...R \quad (1.16)$$

$$I_3 \sim \frac{1}{R} \int_0^R s(r)\, dr = \frac{2}{R} \int_0^R r\, dr = R$$

Welches dieser drei Ergebnisse ist nun das „richtige"? Intuitiv würden wir für das erste Resultat plädieren, weil die Sehnen „so schön gleichmäßig" eingezeichnet sind. Aber man kann auch eine mathematisch fundierte Argumentation für das Ergebnis I_1 liefern, indem man fordert, daß die den Kreis schneidenden Sehnen so zu wählen sind, daß sich die Integrationen über „alle Sehnen" als bewegungsinvariant erweisen (siehe Abbildung 1.7 für die beiden ersten Varianten).

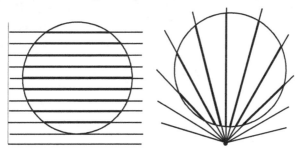

Abb. 1.7 - Gleichverteilte Sehnen in verschobenen Kreisen

1.3 Einige Beispiele

1.3.1 Parallelfiguren

Betrachten wir zu Anfang ein ganz einfaches Beispiel. Es sei ein Segment S der Länge l im eindimensionalen Raum gegeben (das Segment liegt auf einer Geraden). Ein zweites Segment S' der Länge $2r$ wird mit seinem Zentrum auf alle Punkte von S geschoben. Welche Figur ergibt sich als Überlagerung aller dieser Kombinationen? Wie die folgende Skizze zeigt, entsteht ein neues Segment S'' der Länge $L(S'') = l + 2r = L(S)+2r$. Die Menge der Punkte des Segmentes S'' wird als „Parallelmenge des Segmentes S im Abstand r" bezeichnet.

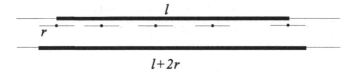

Abb. 1.8 - Eindimensionale Parallelfigur

Diese Operation der Vergrößerung einer Figur ist von Steiner erstmalig betrachtet worden [St40]. Sie läßt sich auch im Zweidimensionalen durchführen, wie hier für einen Kreis, ein Quadrat und ein gleichseitiges Dreieck gezeigt werden soll (alle Punkte der Ebene mit einem Abstand $d \le r$ zu der vorgegebenen Figur werden mit berücksichtigt).

Abb. 1.9 - Zweidimensionale Parallelfiguren

Die Flächen der drei grauen Objekte kann man direkt elementargeometrisch berechnen. Es ergeben sich die folgenden Ausdrücke:

$$F(K_r) = \pi a^2 + 2\pi ar + \pi r^2$$
$$F(Q_r) = a^2 + 4ar + \pi r^2$$
$$F(D_r) = a^2\sqrt{3}/4 + 3ar + \pi r^2$$

Diese drei Formeln lassen sich dahingehend verallgemeinern, daß es eine generelle Beziehung zwischen den geometrischen Grundgrößen Fläche F und Umfang U der jeweiligen Ausgangsfigur und den entsprechenden Werten der vergrößerten Figur gibt:

$$F(K_r) = F(K) + U(K){\cdot}r + \pi r^2 \,.$$

Der Beweis dafür soll jetzt angegeben werden. Als „Parallelfigur" einer konvexen Figur K bestimmt man die Figur K_r, deren Rand ∂K_r überall den Abstand r vom Rand ∂K hat. Diese Vergrößerung kann dadurch erreicht werden, daß man zur Stützfunktion $p(\varphi)$ der Figur K einfach den Abstand r addiert:

$$p_r(\varphi) = p(\varphi) + r \,. \qquad (1.17)$$

Für Kreise ist diese Beziehung unmittelbar einleuchtend. Aber sie gilt auch für beliebige konvexe Figuren, da die Verbindungslinie zweier nächstgelegener Punkt von ∂K und ∂K_r senkrecht zu den Randlinien verlaufen muß, so daß die entsprechenden Tangenten genau den Abstand r voneinander besitzen.

Wenn (1.17) gilt, dann kann man sofort weitere Schlußfolgerungen für Parallelfiguren ableiten. Wegen (1.6) gilt für den Umfang der Parallelfigur

$$U_r = \int_0^{2\pi} p_r(\varphi)\,d\varphi = \int_0^{2\pi} (p(\varphi) + r)\,d\varphi = U + 2\pi r \qquad (1.18)$$

und nach Formel (1.12) erhält man für die Fläche der Parallelfigur

$$F_r = \frac{1}{2}\int_0^{2\pi} \left[p_r^2(\varphi) - \left(\frac{dp_r(\varphi)}{d\varphi} \right)^2 \right] d\varphi = F + r{\cdot}U + \pi r^2 \,. \qquad (1.19)$$

Man kann die Flächenformel (1.12) auch noch auf andere Weise auswerten. Es ist nämlich

$$F = \frac{1}{2} \int\limits_0^{2\pi} \left(p^2 - p'^2 \right) d\varphi \le \frac{1}{2} \int\limits_0^{2\pi} p^2\, d\varphi$$

$$= \frac{1}{2} \int\limits_0^{2\pi} \left(\bar{p} + (p - \bar{p}) \right)^2 d\varphi \tag{1.20}$$

Hier bedeutet $\bar{p}$ den Mittelwert von $p(\varphi)$ über den gesamten Vollwinkel, d.h. den Mittelwert im Bereich von 0 bis 2π. Also ist $\bar{p} = U/2\pi$ (siehe Formel (1.8)). Die weitere Auswertung von (1.20) liefert dann

$$F \le \pi \bar{p}^2 + \frac{1}{2} \int\limits_0^{2\pi} \left(p - \bar{p} \right)^2 d\varphi \le \pi \bar{p}^2 \tag{1.21}$$

oder

$$F \le U^2 / 4\pi \qquad \text{bzw.} \qquad f = U^2 / 4\pi F \ge 1 \tag{1.22}$$

wobei f der sogenannte Formfaktor ist.

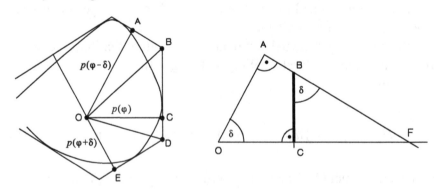

Abb. 1.10 - Seitenlänge im umschreibenden N-Eck

Die Ungleichung (1.22) wird als „isoperimetrische Ungleichung" bezeichnet. Sie besagt, daß unter allen Figuren gleichen Umfangs (insbesondere unter allen konvexen Figuren) der Kreis die größte Fläche besitzt, denn für Kreise gilt mit $p = \bar{p}$ die Gleichung $F = U^2/4\pi$.

Auch in der Bildverarbeitung wird der Ausdruck $f = U^2/4\pi F$ als charakteristisches Merkmal verwendet. Der Formfaktor f hängt nur von der Form einer Figur ab, nicht von ihrer Größe oder ihrer Lage, so daß auf diese Weise Kreise und Quadrate oder die Buchstaben O und D leicht voneinander unterschieden werden können.

1.3.2* Umschreibende N-Ecke

Statt der zwei parallelen Tangenten zur Definition der Breite einer Figur kann man auch insgesamt N Tangenten an die (konvexe) Figur legen, die senkrecht zu den Richtungen

$$\varphi_n = \varphi + n\frac{2\pi}{N} \qquad \text{für} \quad n \in 0,1,...,N-1 \tag{1.23}$$

stehen. Für jedes ganzzahlige $n>2$ entstehen umschreibende N-Ecke, die im allgemeinen – bis auf das umschreibende Dreieck – unterschiedlich lange Seiten besitzen, aber an allen Ecken gleiche Innenwinkel $\pi - 2\pi/N$ aufweisen. Mit Hilfe der Stützfunktion ist es jetzt möglich, die Länge der zur Richtung φ senkrechten Seite eines umschreibenden N-Ecks zu bestimmen (siehe Abbildung 1.10).

Es ist BC/CF=OA/AF oder BC=CF·cotδ mit $\delta = 2\pi/N$. Da aber weiter die einfach zu beweisenden Beziehungen CF = OF−OC = −OC+OA/cosδ und OA$= p(\varphi-\delta)$ bzw. OC$= p(\varphi)$ gelten, folgt

$$\text{BC} = \frac{p(\varphi - \delta)}{\sin\delta} - \frac{p(\varphi)}{\tan\delta}. \tag{1.24}$$

Genauso können wir die Strecke CD bestimmen, so daß wir für die Seitenlänge $s(\varphi)=$BD den Ausdruck

$$s(\varphi) = \frac{p(\varphi + \delta) + p(\varphi - \delta) - 2p(\varphi)\cdot\cos\delta}{\sin\delta} \tag{1.25}$$

erhalten. Der Mittelwert $\bar{s}$ dieser einen Seite über alle Winkel φ ist mit $\bar{p} = \bar{B}/2 = U/2\pi$ durch die Formel

$$\bar{s} = \frac{U}{\pi} \cdot \frac{1 - \cos\delta}{\sin\delta} = \frac{U}{\pi} \cdot \tan\frac{\delta}{2} \tag{1.26}$$

gegeben. Da nun die Mittelwerte aller N Seiten des umschreibenden N-Ecks gleich sind, folgt für den mittleren Umfang $\overline{U_N} = N \cdot \bar{s}$ des umschreibenden N-Ecks das Resultat

$$\overline{U_N} = U \cdot \frac{N}{\pi} \cdot \frac{1 - \cos\delta}{\sin\delta} = U \cdot \frac{N}{\pi} \cdot \tan\frac{\pi}{N} = U \cdot f_N . \tag{1.27}$$

Die folgende Tabelle 1.1 gibt für einige Werte von N die zugehörigen Faktoren f_N an. Der Grenzwert von f_N erreicht für $N \rightarrow \infty$ den Wert 1, d.h. dann stimmen die Umfänge der Figur und des umschreibenden N-Ecks miteinander überein.

Tabelle 1.1 - Faktor f_N aus Formel (1.27)

N	f_N	N	f_N
3	1.65399	10	1.03425
4	1.27324	12	1.02349
5	1.15633	15	1.01488
6	1.10266	20	1.00831
7	1.07303	30	1.00367
8	1.05479	60	1.00091

In der Praxis der digitalen Bildverarbeitung werden oft umschreibende Rechtecke und umschreibende Achtecke von (nicht notwendigerweise konvexen) Objekten untersucht. Allerdings wird dabei nicht „über alle Rotationswinkel" gemittelt, sondern man bestimmt nur für eine einzige Lage der Figur U_4 bzw. U_8. Den ungefähren Umfang der konvexen

Hülle des jeweiligen Objektes kann man dann mittels der einfachen Formeln $U = \overline{U_N}/f_N$ durch $U \approx 0.79 U_4$ bzw. durch $U \approx 0.95 U_8$ abschätzen.

1.3.3* Croftonscher Seilliniensatz

Abschließend soll mit dem Croftonschen Seilliniensatz noch ein hübsches Beispiel für die hier entwickelten Formeln gegeben werden [Cr68]. Es seien K_1 und K_2 zwei sich nicht schneidende konvexe Figuren. Einmal wird ein Seil um beide Figuren K_1 und K_2 gelegt und zum anderen wird ein zweites Seil zwischen den Figuren gekreuzt (siehe Abbildung 1.11). Das ungekreuzte Seil beschreibt den Rand der gemeinsamen konvexen Hülle K_{ges} der beiden Figuren, die den Umfang U_{ges} besitzt. Durch K_{ges} verlaufen

Z_{10} Geraden, die K_1 treffen, nicht aber K_2
Z_{20} Geraden, die nur K_2 treffen, nicht aber K_1
Z_{12} Geraden, die K_1 und K_2 treffen,
Z_{00} Geraden, die weder K_1 noch K_2 treffen, d.h. K_1 und K_2 trennen.

Unter den Größen Z_{10}, Z_{20} usw. sollen integralgeometrische Maße verstanden werden, so daß wir wegen Formel (1.9) im Fall konvexer Figuren statt dieser Maße auch die Umfänge der Figuren verwenden können. Es ist mit dem stets gleichen Proportionalitätsfaktor μ der Umfang durch $U_{\text{ges}} = \mu \cdot Z_{\text{ges}} = \mu \cdot (Z_{10} + Z_{20} + Z_{12} + Z_{00})$ gegeben.

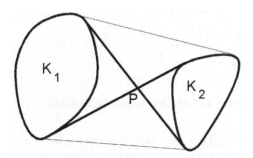

Abb. 1.11 - Zum Croftonschen Seilliniensatz

Nun konstruieren wir aus K_1 und dem Kreuzungspunkt P die konvexe Figur K_{P1} und aus K_2 und P die konvexe Figur K_{P2}. Die K_{P1} treffenden Geraden lassen sich aufteilen in

Z_{10} Geraden, die nur K_1 treffen, nicht aber K_2
Z_{12} Geraden, die K_1 und K_2 treffen,
Z_{P1} Geraden, die zwar K_{P1} treffen, nicht aber K_1
    (also durch die „Spitze" zwischen P und K_1 gehen).

Eine ähnliche Überlegung gilt für K_{P2}. Es ist also (wieder mit dem festen Faktor μ)

$$U_{P1} = \mu(Z_{10} + Z_{12} + Z_{P1}) \quad , \quad U_{P2} = \mu(Z_{20} + Z_{12} + Z_{P2}) \ . \quad (1.28)$$

Mit den Formeln $U_{cross} = U_{P1} + U_{P2} = \mu \cdot (Z_{10} + Z_{20} + Z_{12} + Z_{P1} + Z_{P2}) + Z_{12}$ und $Z_{P1} + Z_{P2} = Z_{00}$ finden wir dann den Seilliniensatz von Crofton in der Form

$$U_{cross} = U_{ges} + \mu Z_{12} \quad , \quad U_{cross} = U_1 + U_2 + \mu Z_{00} \ . \quad (1.29)$$

Der Anteil der beide konvexen Figuren treffenden Geraden ist daher einfach durch das Verhältnis

$$\frac{Z_{12}}{Z_{ges}} = \frac{U_{cross} - U_{ges}}{U_{ges}} \quad (1.30)$$

gegeben, und der Anteil der zwischen den beiden Figuren verlaufenden Geraden durch das Verhältnis

$$\frac{Z_{00}}{Z_{ges}} = \frac{U_{cross} - U_1 - U_2}{U_{ges}} \ . \quad (1.31)$$

1.3.4 Projektionen und orthogonale Schatten

Hier soll noch einmal zu dem bereits in Abschnitt 1.2.2 untersuchten Problem der Schattenbildung zurückgekehrt werden (siehe Abbildung 1.3). Wir hatten dort die einfache Formel $\overline{L} = \overline{B} = U/\pi$ für die mittlere Schattenlänge einer konvexen Figur gefunden.

Eine etwas andere Situation tritt auf, wenn die vorgegebene konvexe Figur durch einen Streifen der Dicke d geschnitten wird und uns der Schatten der durch den Schnitt entstehenden Teilfigur interessiert (Abb. 1.12). Dann liefert die maximale Ausdehnung der Schnittfigur in horizontaler Richtung die Länge der Schattenlinie. Dabei wird manchmal nur die untere (oder obere) Begrenzung des Streifens entscheidend sein (Skizze links), manchmal werden die untere und die obere Begrenzung den Schatten festlegen (mittlere Skizze), und es ist auch möglich, daß irgendwelche Extrempunkte innerhalb des Streifens für die Schattenbildung verantwortlich sind (Skizze rechts).

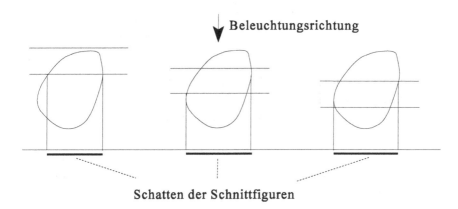

Abb. 1.12 - Schattenbildung bei dicken Schnitten

Alle diese Fälle lassen sich für eine festgehaltene Beleuchtungsrichtung φ auch dadurch erzeugen, daß man die originale Figur in den beiden Richtungen φ und $\varphi+\pi$ um die Strecke $d/2$ ausdehnt, daß man also statt der in Abschnitt 1.3.1 untersuchten Parallelfiguren K_r die „gestreckten" Figuren $K_{d/2}(\varphi)$ betrachtet. Dabei handelt es sich – exakt gesprochen – um die Minkowski-Summe $K_r \oplus S$ zwischen der Figur K und einer Strecke S der Länge d (siehe Abbildung 1.13 und Abschnitt 3.1.7).

Jede einzelne Situation aus Abbildung 1.12 kann dann durch das Schneiden der gestreckten Figur mit einer orthogonal zur Richtung φ verlaufenden Geraden angesehen werden (Schnitt der Dicke $d=0$), und die Länge des in Abbildung 1.12 auftretenden Schattens ist gleich der Länge einer Sehne der gestreckten Figur.

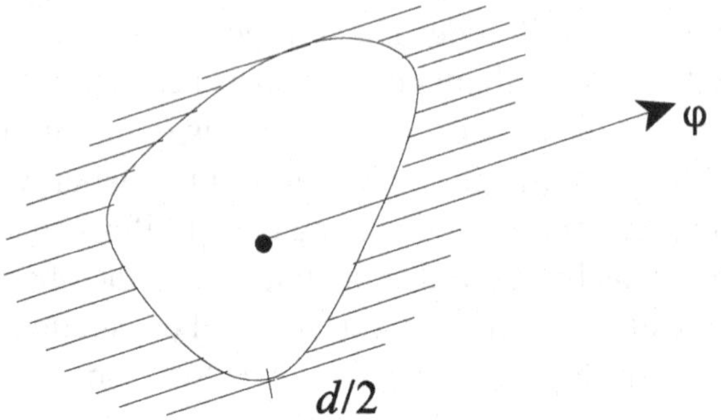

Abb. 1.13 - „Streckung" einer Figur

Die Ausdehnung der originalen Figur in Richtung φ ist durch die einfache Formel $a(\varphi) = p(\varphi) + p(\varphi+\pi)$ gegeben, wobei $p(\varphi)$ die originale Stützfunktion ist. Diese Ausdehnung ist ein Maß N_φ für alle die Figur treffenden Geraden, die senkrecht zur Richtung φ verlaufen. Also ist das Maß aller die gestreckten Figur treffenden Geraden durch die Formel $N_{\varphi,d/2} = a_{d/2}(\varphi) = a(\varphi)+d$ bestimmt. Integrieren wir jetzt über sämtliche Richtungen φ zwischen 0 und π, so ergibt sich wegen (1.9) das Maß aller die gestreckte Figur schneidenden Geraden:

$$N_{d/2} \ = \ N + \pi d \ = \ U + \pi d \ . \tag{1.32}$$

Das integralgeometrische Maß S_φ für die Länge aller Sehnen senkrecht zur Richtung φ ist nach (1.13) durch die Fläche F der jeweiligen Figur gegeben. Also erhalten wir für die gestreckte Figur die einfache Beziehung $S_{\varphi,d/2} = F + d\,(p(\varphi+\pi/2)+p(\varphi-\pi/2))$, weil die zusätzlich in Abbildung 1.13 auftretende Fläche das Produkt aus d und der zur Richtung φ orthogonalen Breite $b(\varphi+\pi/2)$ der Figur ist. Daher ergibt sich das über alle Richtungen φ zwischen 0 und π integrierte Maß für die Sehnenlänge durch

$$S_{d/2} \ = \ S + d \int_0^\pi b(\varphi + \pi/2)\,d\varphi \ = \ \pi\,F + d\,U \ ,$$

und wir finden die mittlere Sehnenlänge der gestreckten Figur als

$$\bar{s}(d) = \frac{S_{d/2}}{N_{d/2}} = \frac{\pi F + U d}{U + \pi d} \ . \tag{1.33}$$

Für $d=0$ erhalten wir als mittlere Sehnenlänge wiederum das Ergebnis (1.15). In der Grenze $d \to \infty$ ist die Schattenlänge schließlich durch die Breite der Figur gegeben, so daß das Resultat (1.11) gewonnen wird.

1.4 Aufgaben

A1.1 Berechne die Stützfunktion $p(\varphi)$ eines achsenparallelen Quadrates der Seitenlänge a, dessen Mittelpunkt im Ursprung des Koordinatensystems liegt!

A1.2 Untersuche, wie sich die Stützfunktion einer konvexen Figur ändert, wenn die Figur um Δx und Δy verschoben wird!

A1.3 Gegeben sei ein Quadrat der Seitenlänge a, das durch Geraden geschnitten wird. Berechne den Anteil v derjenigen Geraden, die gegenüberliegende Quadratseiten schneiden!

A1.4 Untersuche das in Aufgabe 1.3 gestellte Problem für beliebige Rechtecke und zeige, daß der minimale Anteil v für Quadrate erreicht wird!

2 Zweidimensionale Integralgeometrie

2.1 Allgemeine Theorie konvexer Schnitte

2.1.1 Flächenmaß von Schnitten

Wir haben im ersten Teil konvexe Figuren betrachtet, weil die Untersuchung des Schneidens von Geraden und konvexen Figuren sich mit Hilfe der Stützfunktion relativ einfach durchführen läßt. Aber das Schneiden einer Geraden mit einer konvexen Figur ist nur ein Spezialfall des Schneidens zweier konvexer Figuren bzw. des Schneidens zweier beliebiger Figuren. Auch dafür stellt die Integralgeometrie sehr einfache und aussagekräftige Formeln zur Verfügung, zu deren Beweis allerdings kompliziertere Methoden erforderlich sind [Bl55, Sa76].

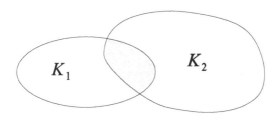

Abb. 2.1 - Schnitt von zwei konvexen Figuren

Untersuchen wir also zwei beliebige konvexe Figuren, von denen K_1 die festgehaltene Figur und K_2 die bewegliche Figur ist. Je nach Lage und Orientierung der beweglichen Figur wird der Durchschnitt $D = K_1 \cap K_2$ unterschiedlich aussehen, in jedem Fall aber wieder konvex sein (Abbildung 2.1). Es interessiert nun, wie die „Anzahl" aller Durchschnitte bestimmt werden kann und welche Werte sich für den mittleren Umfang und die mittlere Fläche der Durchschnitte ergeben.

Am einfachsten kann das Integral der Flächen F_D bezüglich aller Lagen und Orientierungen von K_2 ermittelt werden. Dazu beachten wir lediglich, daß

$$F_D = \int_D dP = \int_D dx\,dy \qquad (2.1)$$

ist, wobei der Durchschnitt D als feste Figur und der Punkt $P = (x,y)$ als bewegliche Figur angesehen wird. Es ist also einfach nur über alle Lagen von P in D zu integrieren (über alle Lagen, für die D und P einen nichtleeren Durchschnitt haben). Wir betrachten nun das Integral

$$J_F = \iint\limits_{P \in K_1 \cap K_2} dP\, dK_2 \; . \tag{2.2}$$

Dabei wählen wir unterschiedliche Integrationsreihenfolgen, indem einmal über alle Positionen (Verschiebungen und Rotationen) von K_2 mit $K_1 \cap K_2 \neq \emptyset$ integriert wird und zum anderen über alle Lagen (Verschiebungen) des Punktes P:

$$J_F = \int\limits_{P \in K_1} \left(\int\limits_{P \in K_2} dK_2 \right) dP = \int\limits_{(P \cap K_2) \in K_1} (2\pi F_2)\, dP = 2\pi\, F_1 F_2$$

$$\tag{2.3}$$

$$J_F = \int\limits_{K_1 \cap K_2 \neq \emptyset} \left(\int\limits_{P \in K_1 \cap K_2} dP \right) dK_2 = \int\limits_{K_1 \cap K_2 \neq \emptyset} F_{12}\, dK_2$$

Hier ist $F_{12} = F(K_1 \cap K_2)$ die (von der Lage und Orientierung von K_2 abhängige) Fläche des Durchschnitts der Figuren K_1 und K_2. Also folgt

$$J_F = \int\limits_{K_1 \cap K_2 \neq \emptyset} F(K_1 \cap K_2)\, dK_2 = 2\pi\, F_1 F_2 \; . \tag{2.4}$$

Da wir bei der Herleitung dieser Formel nirgends die Konvexität der sich schneidenden Figuren K_1 und K_2 benutzt haben, gilt sie für beliebige Figuren der Euklidischen Ebene.

2.1.2 Umfangsmaß von Schnitten

Um das Integral über den Umfang der Schnittfiguren $K_1 \cap K_2$ bestimmen zu können, berechnen wir

$$J_U = \iint_{P\in\partial(K_1\cap K_2)} ds\, dK_2 \qquad (2.5)$$

entsprechend der Abbildung 2.2, wobei der bewegliche Punkt P auf dem Bogenstück ds des Randes $\partial(K_1\cap K_2)$ des Durchschnitts der beiden Figuren liegt.

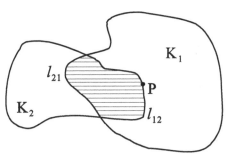

Abb. 2.2 - Zur Ableitung des Umfangintegrals

Dieser Rand setzt sich aus zwei Teilstücken zusammen, dem Teilrand von K_1 in K_2 mit der Länge l_{21} und dem Teilrand von K_2 in K_1 mit der Länge l_{12}. Das Integral über den Umfang aller schraffierten Gebiete in Abbildung 2.2, also das Integral über die Summe $l_{12}+l_{21}$ ist gleich der Summe der beiden einzelnen Integrale über l_{12} und l_{21} (der Punkt P liegt entweder auf dem Rand ∂K_1 von K_1 oder auf dem Rand ∂K_2 von K_2). Zur Berechnung des ersten Integrals vertauschen wir wieder die Reihenfolge der Integrationen:

$$J_U^{(1)} = \int_{P\in\partial K_2}\left(\int_{P\in K_1} dK_2\right) ds = \int_{P\in\partial K_2}(2\pi F_1)\, ds = 2\pi\, F_1 U_2$$

$$(2.6)$$

$$J_U^{(1)} = \int_{P\in K_1}\left(\int_{P\in\partial K_2} ds\right) dK_2 = \int_{P\in K_1} l_{12}\, dK_2$$

Das Integral der Teillängen l_{12} über alle Lagen der beweglichen Figur K_2 ist also durch den verblüffend einfachen Wert $2\pi F U_2$ gegeben. Genauso erhalten wir das Integral der Teillängen l_{21}:

$$J_U^{(2)} = \int_{P\in\partial K_1} \left(\int_{P\in K_2} dK_2 \right) ds = \int_{P\in\partial K_1} (2\pi F_2)\, ds = 2\pi F_2 U_1$$

$$\tag{2.7}$$

$$J_U^{(2)} = \int_{P\in K_2} \left(\int_{P\in\partial K_1} ds \right) dK_2 = \int_{P\in K_2} l_{21}\, dK_2$$

Insgesamt folgt also

$$J_U = \int \left(l_{12} + l_{21} \right) dK_2 = J_U^{(1)} + J_U^{(2)} \tag{2.8}$$

und daher

$$J_U = \int_{K_1 \cap K_2 \neq \varnothing} U(K_1\cap K_2)\, dK_2 = 2\pi \left(F_1 U_2 + U_1 F_2 \right) \tag{2.9}$$

Auch dieses Ergebnis für das Integral über den Umfang des Durchschnitts gilt für beliebige Figuren X: Sie können konvex sein oder nichtkonvex, sie können zusammenhängen oder aus einzelnen Teilen bestehen, sie können Löcher enthalten oder lochfrei sein – in jedem Fall sind die beiden Formeln (2.4) und (2.9) gültig.

2.1.3 Maß der Anzahl von Schnitten konvexer Figuren

Außer den beiden allgemein bekannten Bestimmungsgrößen F und U einer ebenen Figur kennt man noch die sogenannte totale Krümmung T. Die totale Krümmung T_X einer beliebigen Figur X ist die Summe aller Totalkrümmungen der einzelnen Randlinien der Figur X.

Die Totalkrümmung einer einzelnen Randlinie ist der Gesamtwinkel, um den sich die Richtung der Tangente ändert, wenn der Berührungspunkt zwischen Tangente und Randlinie einmal die Randlinie durchläuft. Die gesamte Totalkrümmung T_X einer Figur X ist also ein Vielfaches von 2π, indem die äußeren Randlinien der (nicht unbedingt zusammenhängenden) Figur mit $+1$ und die inneren Randlinien (d.h. die Randlinien der „Löcher") mit -1 gewichtet werden. Für Figuren, die aus einzelnen nicht miteinander zusammenhängenden lochfreien Teilfiguren gebildet werden, entspricht die Totalkrümmung bis auf den Faktor 2π der Anzahl der Teilfiguren (siehe Abschnitt 1.2.2, Formel (1.5) usw.).

Das bisher untersuchte Schneiden zwischen konvexen Figuren und Geraden ist nun nur ein Spezialfall der allgemeineren Fragestellung nach der „Anzahl" möglicher Schnitte zwischen zwei konvexen Figuren (Abbildung 2.3). Wenn wir das Integral J_T über die Totalkrümmung aller Durchschnitte berechnen, so stimmt das bis auf den Faktor 2π mit dem Maß J_N für die Anzahl der stets konvexen Durchschnitte überein: $J_T = 2\pi J_N$.

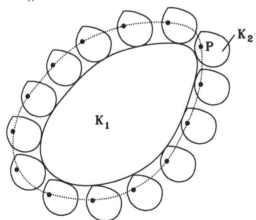

Abb. 2.3 - Grenzlagen einer beweglichen Figur K_2

Bei festgehaltener Orientierung α der beweglichen Figur K_2 treten Schnitte dann auf, wenn der Ursprung P der Figur K_2 im Inneren der in Abbildung 2.3 gestrichelten Linie L liegt. Das Maß aller Schnitte, d.h. das Maß aller Lagen von P ist in diesem Fall (bis auf irgendeinen

Proportionalitätsfaktor) durch die von L umschlossene Fläche gegeben. Und wie wir durch Formel (1.12) wissen, kann man die Fläche einer konvexen Figur durch ihre Stützfunktion $p(\varphi)$ bestimmen.

Die Stützfunktion der Kurve L läßt sich nun durch die Stützfunktionen $p_1(\varphi)$ bzw. $p_2(\varphi)$ der beiden konvexen Figuren beschreiben:

$$p_L(\varphi, \alpha) = p_1(\varphi) + p_2(\varphi + \pi + \alpha) \ . \tag{2.10}$$

Nach Formel (1.6) können wir die Länge der Linie L bei fester Orientierung α der Figur K_2 leicht berechnen:

$$
U_L(\alpha) = \int_0^{2\pi} p_L(\varphi, \alpha) \, d\varphi =
$$

$$
= \int_0^{2\pi} \left[p_1(\varphi) + p_2(\varphi + \pi + \alpha) \right] d\varphi = U_1 + U_2 \tag{2.11}
$$

Um die Fläche F_L innerhalb der Linie L bestimmen zu können, gehen wir von der einfachen Formel (1.12) aus:

$$
F_L = \frac{1}{2} \int_0^{2\pi} \left(p_L^2 - \left(p_L' \right)^2 \right) d\varphi \ . \tag{2.12}
$$

Verwenden wir hier für p_L die Beziehung (2.10), so ergibt sich

$$
F_L(\alpha) = \frac{1}{2} \int_0^{2\pi} \left(p_1^2 - \left(p_1' \right)^2 \right) d\varphi + \frac{1}{2} \int_0^{2\pi} \left(p_2^2 - \left(p_2' \right)^2 \right) d\varphi +
$$

$$
+ \int_0^{2\pi} \left[\left(p_1(\varphi) \cdot p_2(\varphi + \pi + \alpha) - p_1'(\varphi) \cdot p_2'(\varphi + \pi + \alpha) \right) \right] d\varphi \ . \tag{2.13}
$$

Die ersten beiden Integrale liefern die Flächen F_1 und F_2 der beiden konvexen Figuren K_1 bzw, K_2. Das dritte Integral ist in dieser Form nicht auszuwerten. Da uns aber letzendlich nicht $F_L(\alpha)$ interessiert, sondern nur das Maß J_Z aller Lagen von K_2, bei denen ein Schnitt mit K_1 auftritt, müssen wir noch über alle Werte von α integrieren:

$$J_Z = \int\limits_0^{2\pi} F_L(\alpha)\, d\alpha = 2\pi F_1 + 2\pi F_2 +$$

$$+ \int\limits_0^{2\pi} \left[\int\limits_0^{2\pi} p_1(\varphi) \cdot p_2(\varphi + \pi + \alpha)\, d\alpha \right] d\varphi - \tag{2.14}$$

$$- \int\limits_0^{2\pi} \left[\int\limits_0^{2\pi} p_1'(\varphi) \cdot p_2'(\varphi + \pi + \alpha)\, d\alpha \right] d\varphi \ .$$

Die innere Integration über α im zweiten Integral liefert wegen der Periodizität der Stützfunktion den Wert Null. Im ersten Integral ergibt die innere Integration das Ergebnis $p_1(\varphi) \cdot U_2$ (siehe Gleichung (1.6)). Also folgt insgesamt

$$J_Z = = 2\pi F_1 + U_1 U_2 + 2\pi F_2$$

als integralgeometrisches Maß für die „Anzahl" aller Lagen von K_2, bei denen ein Schnitt mit der festgehaltenen Figur K_1 auftritt, d.h. bei denen der Durchschnitt $K_1 \cap K_2$ nichtleer ist.

Da der Durchschnitt zweier konvexer Figuren stets wieder konvex ist, und die Totalkrümmung T_K einer konvexen Figur stets den Wert 2π besitzt, können wir auch sofort das Integral $J_T = 2\pi J_Z$ angeben:

$$J_T = 2\pi J_Z = 2\pi \left(T_1 F_2 + U_1 U_2 + F_1 T_2 \right) \ . \tag{2.15}$$

Mit den drei Integralen (2.4), (2.9) und (2.15) ist schon fast alles Allgemeine festgelegt, was sich über das Schneiden von konvexen Figuren sagen läßt.

2.1.4 Schnittmaße beliebiger Figuren

Wir betrachten eine Figur als eine Punktmenge der Euklidischen Ebene. Die Figuren können konvex sein oder nichtkonvex, können Löcher enthalten oder sogar aus mehreren Teilen bestehen. Jeder Figur X sind drei grundlegende geometrische Größen zugeordnet, die Fläche F_X, der Umfang U_X und die totale Krümmung T_X. Unter „Fläche" wird die Gesamtfläche der Figur X und unter „Umfang" die Länge aller Randlinien von X verstanden. Diese geometrischen Größen sind allgemein bekannt. Die Totalkrümmung ist je nach Anzahl der Komponenten der Figur und der in den Komponenten enthaltenen Löcher ein ganzzahliges Vielfaches von 2π.

Der Durchschnitt $Y=X \cap X'$ von zwei Figuren ist wieder eine Figur, die als „Schnittfigur" bezeichnet wird. Fläche, Umfang und totale Krümmung einer Schnittfigur Y hängen von der gegenseitigen Lage der sich schneidenden Figuren X und X' ab.

Die Lage und die Orientierung einer Figur können durch die Koordinaten x,y eines figurenfesten Punktes in der Euklidischen Ebene und durch die Richtung φ einer figurenfesten Linie gegen die Abszisse des Koordinatensystems gekennzeichnet werden. Wenn wir nun X' als eine bewegliche Figur voraussetzen, die alle möglichen Lagen und Orientierungen annehmen kann, so läßt sich die Frage nach den Mittelwerten von F_Y, U_Y, und T_Y, bezüglich aller Schnittfiguren Y stellen.

Statt der Mittelwerte betrachtet man in der Integralgeometrie primär die diesen Mittelwerten entsprechenden Integrale über alle Lagen und Orientierungen der beweglichen Figur X'. Dazu wird ein figurenfestes Koordinatensystem von X' verwendet, dessen Lage und Orientierung durch die Parameter x,y,φ beschrieben werden können. Es gilt dann

$$
\begin{aligned}
J_F &= \int F_{X \cap X'}\, dX' = 2\pi\, F F' \\
J_U &= \int U_{X \cap X'}\, dX' = 2\pi\left(F U' + U F' \right) \\
J_T &= \int T_{X \cap X'}\, dX' = 2\pi\left(F T' + U U' + T F' \right)
\end{aligned}
\tag{2.16}
$$

Diese drei Formeln sind bereits in den vorangegangenen Abschnitten allgemein abgeleitet worden. Den Beweis für die dritte Formel haben wir nur für konvexe Figuren angetreten. Sie gilt aber auch für beliebige Figuren [Sa76].

Um das an einem Beispiel zu demonstrieren, nehmen wir an, daß die Figur $X = X_1 \cup X_2$ aus zwei sich berührenden konvexen Figuren X_1 und X_2 zusammengesetzt ist (so wie etwa zwei gegeneinander verschobene Rechtecke, die längs der gestrichelten Linie L aneinander angrenzen, siehe Abbildung 2.4).

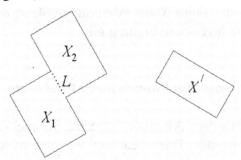

Abb. 2.4 - Feste Figur $X = X_1 \cup X_2$ und bewegliche Figur X'

Wenn sich X_1 und X_2 nicht berühren, d.h. wenn der Durchschnitt $X_1 \cap X_2$ leer ist, so gelten für Fläche, Umfang und Totalkrümmung von X die einfachen Formeln $F_X = F_1 + F_2$, $U_X = U_1 + U_2$, und $T_X = T_1 + T_2$, so daß man sofort die Gültigkeit der drei Formeln (2.16) zeigen kann.

Aber wie im Fall der Abbildung 2.4 kann es auch sein, daß X' die gestrichelte Linie trifft, so daß die beiden Durchschnitte $X_1 \cap X'$ und $X_2 \cap X'$ miteinander zusammenhängen. Dann muß in der Gleichung

$$
\begin{aligned}
T(X \cap X') &= T\big((X_1 \cup X_2) \cap X'\big) = T\big((X_1 \cap X') \cup (X_2 \cap X')\big) \\
&= T(X_1 \cap X') + T(X_2 \cap X') = 2 \cdot 2\pi
\end{aligned}
\tag{2.17}
$$

noch berücksichtigt werden, daß die beiden Durchschnitte $X_1 \cap X'$ und $X_2 \cap X'$ miteinander verschmelzen. Es darf dann also nur einmal der Beitrag 2π für die Totalkrümmung gezählt werden.

Um zu berechnen, wie oft diese Reduktion angewendet werden muß, bestimmen wir, wie oft die bewegliche Figur X' die gestrichelte Linie L (mit der Länge l) trifft. Da L eine konvexe Figur ist, können wir (2.15) benutzen. Es ergibt sich mit $F_L = 0$, $U_L = 2l$, $T_L = 2\pi$ das Resultat

$$J_{I_z} = 2\pi \left(2l \cdot U' + 2\pi \cdot F' \right) \tag{2.18}$$

und daher

$$J_T = 2\pi \left(F \cdot 2\pi + U \cdot U' + 2 \cdot 2\pi \cdot F' \right) - 2\pi \left(2l \cdot U' + 2\pi \cdot F' \right)$$
$$= 2\pi \left(F \cdot 2\pi + (U - 2l) \cdot U' + 2\pi \cdot F' \right) \tag{2.19}$$

Die Werte F, $(U-2l)$ und 2π sind nun aber gerade Fläche, Umfang und Totalkrümmung der Figur X aus Abbildung 2.4, so daß die Formel (2.16) auch für nichtkonvexe Figuren gilt.

2.1.5 Additive Mengenfunktionen und Mittelwerte

Das im vorangegangenen Abschnitt betrachte Beispiel kann wesentlich verallgemeinert werden. Dazu beachten wir, daß man irgendwelche (speziell nichtkonvexe) Figuren X sich stets entstanden denken kann durch die Vereinigung konvexer Figuren C_k:

$$X = C_1 \cup C_2 \ldots \cup C_N = \bigcup_{k=1}^{N} C_k \ . \tag{2.20}$$

Für beliebige Funktionen $f(X)$ von Figuren – beispielsweise für die Anzahl der Ecken – kann man nun nicht sagen, welchen Wert etwa $f(X_1 \cup X_2)$ annimmt. Aber es gibt in der zweidimensionalen euklidischen Geometrie spezielle Funktionen, die sogenannten *additiven Mengenfunktionen* $A(X)$, für die die Beziehung

$$A\left(X \cup X' \right) = A\left(X \right) + A\left(X' \right) - A\left(X \cap X' \right) \ . \tag{2.21}$$

gilt. Die Fläche $F(X)$, der Umfang $U(X)$ und die Totalkrümmung $T(X)$ sind im wesentlichen die einzigen additiven Mengenfunktionen.

Wir wissen, daß die Formeln (2.16) für konvexe Figuren gelten. Nehmen wir nun an, daß diese Formeln für eine bestimmte Teilmenge

$\mathfrak{M}$ von Figuren zutreffend sind. Wenn wir nun mit $X_1, X_2, X' \in \mathfrak{M}$ die Figuren X_1 und X_2 so aneinander angrenzen lassen, wie es in Abbildung 2.4 demonstriert ist, dann gilt stets $F(X_1 \cap X_2) = 0$ und damit ist die Beziehung

$$J_F(X_1 \cup X_2) = \int_I F\Big((X_1 \cup X_2) \cap X' \Big)\, dX'$$

$$= \int F\Big((X_1 \cap X') \cup (X_2 \cap X') \Big)\, dX' =$$

$$= \int \Big(F(X_1 \cap X') + F(X_2 \cap X') - F(X_1 \cap X_2 \cap X') \Big)\, dX' = \qquad (2.22)$$

$$= 2\pi \cdot F_1 F' + 2\pi \cdot F_2 F' = 2\pi\,(F_1 + F_2)\,F' = 2\pi\,F F'$$

auch für die vereinigte Figur $X = X_1 \cup X_2$ richtig.

Auf diese Weise können wir ebenfalls die Gültigkeit von (2.16) für das Umfangsintegral nachweisen, indem wir mittels der Beziehung $F(X_1 \cup X_2) = F(X_1) + F(X_2)$, $U(X_1 \cup X_2) = U(X_1) + U(X_2) - 2l$ und der Gleichung $T(X_1 \cup X_2) = T(X_1) + T(X_2) - 2\pi$ die entsprechenden Integrale auswerten (siehe Aufgabe 2.2). Wir können also im Weiteren voraussetzen, daß die Beziehungen (2.16) für beliebige (endliche) Figuren der zweidimensionalen euklidischen Ebene zutreffend sind.

Die Integrale J_F, J_U und J_T besitzen allerdings keine anschauliche Bedeutung. Aber für lochfreie Figuren X und X' ist das Maß J_T bis auf den Faktor 2π auch ein Maß für die Anzahl aller (ebenfalls lochfreien) Schnittfiguren von X und X'. Also lassen sich die mittleren Flächen und die mittleren Umfänge der einzelnen zusammenhängenden Schnittfiguren durch die beiden folgenden Formeln bestimmen:

$$\overline{F} = \frac{J_F}{J_T/2\pi} = \frac{2\pi\,F F'}{2\pi F + U U' + 2\pi F'}$$

$$\overline{U} = \frac{J_U}{J_T/2\pi} = \frac{2\pi\,(F U' + U F')}{2\pi F + U U' + 2\pi F'} \qquad (2.23)$$

2.2 Anwendung der Schnittformeln

2.2.1 Mittlere Flächen und mittlere Umfänge

In der Bildanalyse tritt besonders bei biomedizinischen und material-technischen mikroskopischen Untersuchungen das Problem auf, statistische Aussagen über Objektanzahlen und Mittelwerte von Flächen bzw. Umfängen zu treffen. Die in Abbildung 2.5 dargestellte Objektpopulation P soll durch die Flächendichte der (lochfreien) Objekte, die die Objekte enthaltende (sehr groß gedachte) Fläche A sowie die mittleren Objektgrößen F_P, U_P und T_P gekennzeichnet sein. Wenn wir jetzt die gesamte Objektpopulation als eine einzige Figur X ansehen, dann können wir die charakteristischen geometrischen Größen dieser Figur durch

$$F_X = \varrho A \cdot F_P \quad , \quad U_X = \varrho A \cdot U_P \quad , \quad T_X = \varrho A \cdot T_P$$

beschreiben, wobei ϱ die Flächendichte der Objekte ist (Anzahl der Objekte je Flächeneinheit). Die bewegliche Figur X' sei nun durch das jeweilige (etwa rechteckige) Bild B mit den Größen F_B, U_B und $T_B = 2\pi$ gegeben. Weiter seien F_S und U_S die im Bild gemessene mittlere Fläche und der mittlere Umfang der Schnittfiguren, die beide auf Grund der endlichen Bildgröße systematisch gegenüber der mittleren Fläche F_P und dem mittleren Umfang U_P der Objekte verfälscht sind.

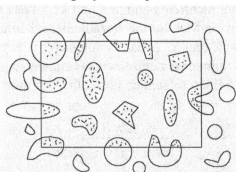

Abb. 2.5 - Schnitt einer Objektpopulation P mit Bild B

Entsprechend den Formeln (2.23) sind diese Mittelwerte der (ebenfalls lochfreien) Schnittfiguren durch

$$\overline{F} = \frac{2\pi F_{B} F_{P}}{2\pi F_{B} + U_{B} U_{P} + 2\pi F_{P}} \quad , \quad \overline{U} = \frac{2\pi (F_{B} U_{P} + U_{B} F_{P})}{2\pi F_{B} + U_{B} U_{P} + 2\pi F_{P}}$$

gegeben, weil sich der Faktor ϱA herauskürzt. Damit können nach einer experimentellen Bestimmung der Werte von $\overline{F}$ und $\overline{U}$ unabhängig von der Flächendichte ϱ der Objekte die eigentlich interessierenden Größen F_{P} und U_{P} aus einem einfachen linearen Gleichungssystem ermittelt werden. Auf diese Weise lassen sich die in der Mikroskopbildanalyse so gefürchteten „Randeffekte" beseitigen, die sonst zu systematischen Verfälschungen der mittleren Objektcharakteristika führen würden.

2.2.2 Sehnenlänge und Schnittpunktmaße

Als weiteres direkt auswertbares Beispiel betrachten wir irgendeine konvexe Figur K mit der Fläche F und dem Umfang U, die von einem schmalen Rechteck der Länge l und der Breite b geschnitten wird. Das Rechteck besitzt die Fläche $F_{R} = b \cdot l$ und den Umfang $U_{R} = 2l + 2b$. Also erhalten wir mit Hilfe der Formeln (2.23) als Grenzwert für unendlich lange Rechtecke die Beziehungen

$$F_{b} = \lim_{l \to \infty} \overline{F} = \frac{\pi b F}{U + \pi b} \quad , \quad U_{b} = \lim_{l \to \infty} \overline{U} = \frac{2\pi F + \pi b U}{U + \pi b} \quad . \quad (2.24)$$

Wenn jetzt die Breite b eines solchen unendlich langen Streifens gegen Null geht (d.h. wir betrachten Schnitte der konvexen Figur K mit Geraden), so verschwindet auch die Fläche F_{b} der Schnittfiguren. Die Schnittfiguren entarten zu Sehnen, deren „Umfang" U_{b} der doppelten Sehnenlänge entspricht. Also ergibt sich die mittlere Sehnenlänge $\overline{s}$ beim Schnitt einer konvexen Figur mit zufällig in die Ebene geworfenen Geraden:

$$\overline{s} = \frac{1}{2} \lim_{b \to 0} U_{b} = \frac{\pi F}{U} \quad . \quad (2.25)$$

Die Formel (2.25) stimmt mit der Formel (1.15) überein, die wir bereits in Abschnitt 1.2.3 abgeleitet hatten. Aber mit den Ausdrücken (2.23) haben wir viel allgemeinere Beziehungen gefunden, die nicht nur auf Geraden anwendbar sind (siehe Aufgaben A2.3 und A2.4).

Auch das Buffonsche Nadelproblem, das bereits in Abschnitt 1.1.1 behandelt wurde, läßt sich nun sehr einfach lösen. Die festgehaltene Figur X sei eine Schar von n parallelen Geradensegmenten im Abstand a voneinander. Jedes Segment besitze die Länge s. Die bewegliche Figur X^I sei eine Nadel der Länge l. Als Schnittfiguren können nur Punkte auftreten (wenn man die Fälle vernachlässigt, bei denen die Nadel direkt auf einer der Linien liegt). Dann ist nach (2.16) der Ausdruck $J_T(S)/2\pi = 4nls$ ein Maß für die Anzahl aller Schnittpunkte zwischen der Nadel und der Linienschar.

Die n Geradensegmente bedecken eine Fläche der Größe $(n-1)sa$ und liegen in einem Gebiet G mit dem Umfang $2(n-1)a+2s$. Die Figuren, die beim Schneiden zwischen G und der Nadel entstehen, sind Liniensegmente, also wieder konvexe Figuren. Daher ist

$$\frac{J_G(S)}{2\pi} = 2\pi(n-1)a \cdot s + 2l(2(n-1)a + 2s)$$

das Maß der Treffer zwischen der Nadel und dem von der Geradenschar bedeckten Gebiet. Für die mittlere Anzahl $\bar{z}$ der Schnittpunkte je Nadelwurf ergibt sich daher mit

$$\bar{z}(l,n) = \frac{J_T(S)/2\pi}{J_G(S)/2\pi} = \frac{4nls}{2\pi(n-1) \cdot a \cdot s + 2l(2(n-1)a + 2s)}$$

der Grenzwert

$$\bar{z} = \lim_{\substack{s \to \infty \\ n \to \infty}} \frac{4nls}{2\pi(n-1) \cdot a \cdot s + 2l(2(n-1)a + 2s)} \rightarrow \frac{2l}{\pi a} \quad (2.26)$$

d.h. genau der Ausdruck, den auch Buffon gefunden hatte. Allerdings sind wir uns jetzt aber sicher, daß wir die Buffonsche Einschränkung $l<a$ fallen lassen dürfen, so daß (2.26) allgemein gültig ist. Pro Nadelwurf können dann auch mehrere Schnitte zwischen Nadel und Geradenschar auftreten.

Eine weitere interessante Formel stammt von Poincaré (siehe [Bl55]). Wenn wir das Schneiden von zwei (nicht notwendig zusammenhängenden) Kurven C und C' untersuchen, deren Längen l und l' seien, so ist mit den Umfängen $U = 2l$ und $U' = 2l'$ das Maß für die Anzahl aller Schnittpunkte der beiden Kurven gegeben durch

$$J_T(C,C')/2\pi = 4ll' . \tag{2.27}$$

Es läßt sich eine endlose Anzahl von Einzelbeispielen für das Schneiden von Figuren (Segment und konvexe Figur, Gerade und Rand einer Figur, unendlich langer Streifen gegebener Breite und konvexe Figur) denken. Jedesmal könnte man über spezielle geometrische Untersuchungen und möglicherweise ziemlich komplizierte Integrationen zu den entsprechenden Lösungen gelangen. Aber nach den Formeln (2.23) ist es nur notwendig, die richtige Interpretation für die jeweilige Schnittsituation zu finden, um schnell und sicher das gewünschte Resultat zu erhalten.

2.2.3 Längenmessung

Nach all den vorangegangenen theoretischen Überlegungen ist es vielleicht an der Zeit, auch etwas für die praktische Anwendung zu tun. Dazu stellen wir uns vor, daß im Gesichtsfeld eines Mikroskops eine Menge von Wurzelfasern oder Zellgrenzen oder ähnlichen linienförmigen Objekten vorhanden ist, deren Länge bestimmt werden soll (siehe Abbildung 2.6).

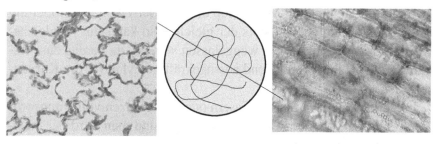

Abb. 2.6 - Beispiele zur experimentellen Bestimmung der Kurvenlänge, Lungenbläschen (links) und Zwiebelgewebe (rechts)

Die Objekte idealisieren wir als eine „Kurve" C, die Zweige besitzen kann und geschlossene Schleifen, die möglicherweise aus einzelnen Teilen besteht oder aber auch völlig zusammenhängend ist. Die Kurve C besitzt die Fläche $F_C = 0$, den Umfang $U_C = 2L_C$ mit L_C als Gesamtlänge der Kurve sowie die Totalkrümmung T_C. Wenn wir jetzt die „Anzahl" der Schnittpunkte zwischen C und einer frei beweglichen Geraden G der Länge L_G mit Hilfe des Integrals J_T aus (2.16) ermitteln, so finden wir mit $F_C = F_G = 0$ die Beziehung

$$ N_{CG} = \frac{J_T}{2\pi} = F_C T_G + U_C U_G + T_C F_G = 4 L_C L_G $$

in Übereinstimmung mit der Formel (2.27) von Poincaré. Unter der Voraussetzung, daß wir nur solche Geraden betrachten, die das Gesichtsfeld des Mikroskops völlig durchqueren (gleichbedeutend damit, daß L_G gegen unendlich geht), werden $N_{KG} = 4 \cdot 2\pi R \cdot L_G$ Schnittpunkte zwischen dem kreisförmigen Rand des Gesichtsfeldes mit dem Radius R und der Geraden auftreten. Diese Anzahl N_{KG} ist gerade doppelt so groß wie die Anzahl Z_G der schneidenden Geraden. Also ergibt sich $N_{CG}/Z_G = L_C/\pi R$ bzw.

$$ L_C = \pi R \cdot \frac{N_{CG}}{Z_G} \tag{2.28} $$

Die gesamte Kurvenlänge ist durch das Verhältnis der Anzahl der Geradenschnittpunkte N_{CG} zur Anzahl Z_G der durch das Gesichtsfeld verlaufenden Geraden bestimmt (multipliziert mit πR). Und wenn wir immer mit dem gleichen Mikroskop und mit derselben Vergrößerung arbeiten (der Radius R ist stets der gleiche), so kann für Vergleichszwecke sogar der Faktor πR weggelassen werden, da bereits das Verhältnis N_{CG}/Z_G ein hinreichend aussagekräftiges Maß für die Kurvenlänge ist.

Im allgemeinen werden die Fasern oder Zellgrenzen völlig ungeordnet im mikroskopischen Gesichtsfeld liegen und man wird zur Absicherung der experimentellen Ergebnisse sicherlich mehrere Gesichtsfelder untersuchen. Dann kann man die Schnittpunktzählung auch dadurch effektiver gestalten, daß man ein Gitter aus mehreren Geraden über das Gesichtsfeld legt und die Schnittpunkte zählt (Abbildung 2.7).

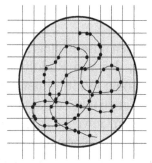

Abb. 2.7 - Zur praktischen Bestimmung der Kurvenlänge

Ungeachtet aller theoretischen Exaktheit der integralgeometrischen Ergebnisse dürfen wir nicht vergessen, daß das praktische Zählen von Schnittpunkten nicht nur die theoretische Voraussetzung $Z_G \to \infty$ verletzt, sondern daß man auch die Gleichverteilung aller Lagen und Orientierungen der Geraden nicht einhalten kann. Und jedes Experiment wird zeigen, daß verschiedene Personen nicht über die gleiche „innere" Definition darüber verfügen, was überhaupt ein „Schnittpunkt" ist (sowohl die Geraden des Meßgitters und die Kurven aus Abbildung 2.7 als auch die Zellgrenzen, Kapillaren oder Wurzelfasern aus den Abbildungen 2.6 und 2.8 besitzen unterschiedliche Dicken und Grauwerte).

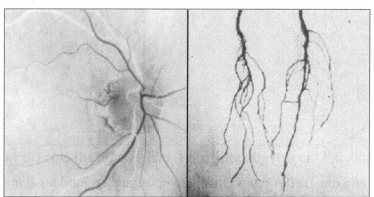

Abb. 2.8 - Kapillaren des Augenhintergrundes (links)
und Wurzelfasern (rechts)

2.2.4 Flächenmessung

Eine weitere Anwendung finden unsere integralgeometrischen Formeln bei der Flächenmessung. In der von Rudolf Virchow (1821–1902) begründeten Zellular-Pathologie [Vi58] interessiert man sich für die Struktur und die Größe von Zellen und Zellkernen, da diese unmittelbar mit der Funktion des jeweiligen Gewebes zusammenhängen und damit Aussagen liefern über Gesundheit (Normalität) und Krankheit (Abweichung vom Normalen). Aber auch in der Gesteinskunde (Petrographie), in der Metallurgie und in der Materialwissenschaft sind Messungen der Größe von Einschlüssen oder Poren von Interesse.

Die Abbildung 2.9 zeigt links als Beispiel einen etwa 4 Mikrometer dicken Schnitt durch ein Leberpräparat, in dem lediglich die Zellkerne angefärbt sind (Feulgen-Färbung). Gefragt wird nach dem Anteil der von Zellkernen bedeckten Fläche. Dieser Anteil ist geringer als der Zellkernanteil im nebenstehenden Tumorpräparat. Falls weniger deutliche Unterschiede auftreten, darf man sich aber nicht auf das einfache „Augenmaß" verlassen, sondern muß auch hier geeignete Meßmethoden einsetzen.

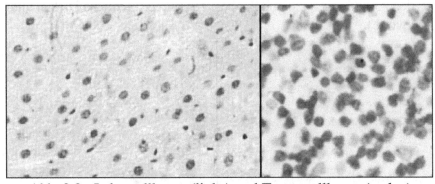

Abb. 2.9 - Leberzellkerne (links) und Tumorzellkerne (rechts)

Wenn die Treffer eines einzelnen beweglichen Punktes P mit dem kreisförmigen Gesichtsfeld M des Mikroskopes untersucht werden, so finden wir für deren „Anzahl" Z_M entsprechend der Formel (2.16) das integrale Maß $J_T/2\pi = 2\pi \cdot \pi R^2$. Falls die Gesamtfläche der zu erfassenden Zellkerne F_K ist, erhalten wir gemäß dieser Formel $2\pi \cdot F_K$ für die Trefferanzahl Z_K zwischen Punkt und Zellkernen (Abbildung 2.10).

Also ist $2\pi \cdot F_K / 2\pi \cdot \pi R^2 = Z_K/Z_M$ bzw.

$$F_K = \pi R^2 \cdot \frac{Z_K}{Z_M} \, . \qquad (2.29)$$

Auch hier kann man für vergleichende Untersuchungen bei festgehaltener Vergrößerung des Mikroskops (und damit gleichbleibender Größe
des Gesichtsfeldes) den Faktor πR^2 fortlassen und die relative Trefferanzahl Z_K/Z_M direkt als Flächenmaß verwenden.

Im Vorausgriff auf die in Teil 3 abzuleitenden und im Kapitel
„Stereologie" anzuwendenden Formeln, soll hier ein einfaches Beispiel
untersucht werden. Die zu lösende Aufgabe ist, die Fläche der Zellkerne (eines Leber- bzw. Tumorpräparates) aus Abbildung 2.9 zu
ermitteln.

Zu diesem Zweck werfen wir eine Strecke der Länge l auf den hier
gezeigten Ausschnitt des Mikroskopbildes (der die Fläche F_{ges} besitzt)
und fragen nach der sich dabei ergebenden Summe L_{ges} aller Sehnenlängen. Mit Hilfe der zweiten Formel aus (2.16) erhalten wir dann die
Beziehung $J_{Uges} = 2\pi F_{ges} \cdot 2l$, und dieser Ausdruck ist gleich der doppelten Länge aller Sehnen, die die geworfenen Linien aus dem Mikros-
kopbild ausschneiden, d.h. es gilt $J_{Uges} = 2L_{ges}$.

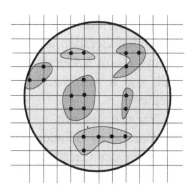

Abb. 2.10 - Punktzählung zur Flächenbestimmung

Weiter erhalten wir für das Integral über den Umfang der aus den Zellkernen ausgeschnittenen Sehnen die Formel $J_{Uobj} = 2\pi F_{obj} \cdot 2l = 2L_{obj}$.

In der Stereologie wird entsprechend internationaler Gepflogenheiten die Fläche als *area* bezeichnet, so daß man statt F_{ges} und F_{obj} die Bezeichnungen A_{ges} und A_{obj} verwendet. Insgesamt finden wir damit die Beziehung

$$\frac{2\pi F_{obj} \cdot 2l}{2\pi F_{ges} \cdot 2l} = \frac{A_{obj}}{A_{ges}} = \frac{L_{obj}}{L_{ges}} .$$

Da es relativ gleichgültig ist, ob man das Verhältnis der Fläche des Mikroskopbildes zur gesamten Objektfläche betrachtet oder aber das Verhältnis der Gesamtflächen von zwei unterschiedlichen Objektpopulationen (den sogenannten „Phasen"), findet man in den einschlägigen stereologischen Artikeln und Büchern die einprägsame Formel

$$A_A = L_L \tag{2.30}$$

Sie besagt, daß sich das Verhältnis der Flächen zweier Phasen aus dem Verhältnis der in diesen Phasen auftretenden Gesamt-Sehnenlängen ergibt.

2.2.5 Schnittpunkte von Geradenpaaren

In einem weiteren Beispiel sollen die Schnittpunkte der durch eine konvexe Figur K verlaufenden Geraden untersucht werden (Abbildung 2.11). Je zwei von insgesamt N Geraden werden sich entweder innerhalb bzw. außerhalb von K schneiden, oder im Fall paralleler Geraden sich nicht schneiden.

Wir nehmen an, daß $N = n_p \cdot n_\varphi$ ist mit n_p als Anzahl der für eine feste Richtung φ jeweils parallelen Geraden und n_φ als Anzahl der unterschiedlichen Richtungen der Geraden. Dann werden von den $N(N-1)/2$ Geradenpaaren im Mittel nur die $n_\varphi \cdot n_p(n_p-1)/2$ Paare paralleler Geraden keinen Schnittpunkt aufweisen, und nur das Verhältnis $U_K \cdot \Delta / F_K$ aller Geradenpaare (mit U_K als Umfang und F_K als Fläche der Figur sowie Δ als Dicke des Randgebietes von K) wird einen Schnittpunkt in der Nähe des Randes ∂K liefern. Da nun beide Verhältnisse

$$V_{\text{parallel}} = \frac{n_\varphi \cdot n_p (n_p - 1)/2}{n_p n_\varphi \cdot (n_p n_\varphi - 1)/2} \quad \text{und} \quad V_{\text{Rand}} = \frac{U_K \cdot \Delta}{F_K} \quad (2.31)$$

mit $n_\varphi \to \infty$ und $\Delta \to 0$ gegen Null gehen, sagt man auch, daß sowohl die Anzahl aller sich nicht schneidenden Geraden als auch die Anzahl der sich auf dem Rand schneidenden Geraden „vom Maß Null" ist.

Das Maß der durch K verlaufenden Geraden ist nach Formel (1.9) durch den Umfang U_K gegeben, so daß wir insgesamt das Maß $U_K^2/2$ für die Anzahl aller Paare von durch K verlaufenden Geraden erhalten.

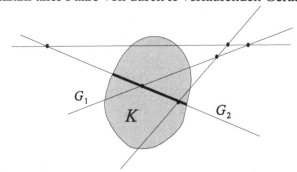

Abb. 2.11 - Schnittpunkte von durch K gehenden Geraden

Um das Maß der in K liegenden Schnittpunkte zu finden, beachten wir, daß eine Gerade G_1 die Gerade G_2 nur dann im Inneren von K schneidet, wenn die Gerade G_1 die Sehne $K \cap G_2$ trifft. Nach der erstmals von Poincaré bewiesenen Formel (2.27) gibt es $4s_2 L$ Schnittpunkte zwischen einer frei beweglichen Strecke der Länge L und einer Sehne der Länge s_2.

Da wir aber zwei „in sich verschobene" Geraden (mit $L \to \infty$) nicht als verschieden ansehen, muß diese Anzahl $4s_2 L$ noch durch das Maß L solcher Verschiebungen dividiert werden. Außerdem sind die beiden durch (p,φ) und $(-p,\varphi+\pi)$ festgelegten Geraden identisch, so daß eine weitere Division durch 2 schließlich $2s_2$ als ein Maß für alle in K liegenden Schnittpunkte zwischen einer beliebigen frei beweglichen Geraden G_1 und der Sehne $K \cap G_2$ mit der Länge s_2 liefert. Dieses Ergebnis stimmt auch mit dem Ausdruck $2s_2$ für das Maß aller Schnitte zwischen der festen Sehne $K \cap G_2$ mit der Länge s_2 und einer frei beweglichen Geraden G_1 überein.

Die „Anzahl aller Schnittpunkte" zwischen dieser Geraden G_1 und den Sehnen von K ist also durch das Integral über alle Sehnen gegeben (siehe Formel (1.14)), d.h. durch

$$\frac{1}{2} \int 2 \cdot s(G_2)\, dG_2 \;=\; \pi F_K \; . \tag{2.32}$$

Der Faktor 1/2 vor dem Integral muß berücksichtigt werden, weil wir wegen $G_1 \cap G_2 = G_2 \cap G_1$ die Schnittpunkte noch doppelt gezählt hatten.

Sei nun in einem Experiment N_{ges} die Anzahl der paarweisen Schnittpunkte aller zufällig auf K geworfenen Geraden sowie N_i die Anzahl der im Inneren und N_a die Anzahl der im Äußeren von K liegenden Schnittpunkte (d.h. also $N_{\mathrm{ges}} = N_i + N_a$). Dann wird man die folgenden Beziehungen finden:

$$\frac{N_i}{N_{\mathrm{ges}}} \approx \frac{2\pi F_K}{U_K^2} \qquad \text{und} \qquad \frac{N_a}{N_{\mathrm{ges}}} \approx 1 - \frac{2\pi F_K}{U_K^2} \tag{2.33}$$

In Abschnitt 1.3.1 wurde der dimensionslose Formfaktor $U^2/4\pi F$ eingeführt (siehe Formel (1.22)), der ein Maß für die Abweichung einer Figur von der Kreisform ist. Mit (2.33) haben wir also in gewisser Analogie zum Buffonschen Nadelversuch eine Möglichkeit erhalten, den Formfaktor f_K einer konvexen Figur experimentell zu ermitteln:

$$f_K \;=\; \frac{U_K^2}{4\pi F_K} \;\approx\; \frac{N_{\mathrm{ges}}}{2 N_i} \; .$$

2.2.6* Integrale über Sehnenlängenpotenzen

Dieser Abschnitt ist den Sehnenlängenpotenzen konvexer Figuren gewidmet. Bisher haben wir nur $S_0 = U$ als „Anzahl aller Sehnen" (Formel (1.9) und $S_1 = \pi F$ als Maß für die „Summe aller Sehnenlängen" (Formel (1.14)) kennengelernt. Allgemein definieren wir

$$S_n = \int\limits_{G\cap K\neq\varnothing} s^n\,dG = \int\limits_0^{2\pi}\int\limits_0^{p(\varphi)} \big(s(p,\varphi)\big)^n\,dG \;. \qquad (2.34)$$

Dabei ist G eine durch Normalenrichtung φ und Nullpunktabstand $p(\varphi)$ charakterisierte frei bewegliche Gerade, K eine konvexe Figur und $s=s(p,\varphi)$ die Länge der Sehne, die G aus K ausschneidet.

Für $n>1$ erkennen wir vorerst keine Möglichkeit, die Sehnenlängenpotenzen zu bestimmen. Aber Crofton hat bereits 1877 eine verblüffende Lösung gefunden [Cr77, Bl55]. Dazu betrachtete er vorerst ein ganz anderes Problem, nämlich die Berechnung der Potenzen des mittleren (positiven) Punktabstandes $t(P_1,P_2)$ zweier Punkte $P_1 = (x_1,y_1)$ und $P_2 = (x_2,y_2)$, die sich frei in einer konvexen Figur bewegen können. Er interessierte sich also für Integrale vom Typ

$$T_k = \iint\limits_{K\,K} t^k\,dP_1\,dP_2 = \iint\limits_{K\,K} t^k\,dx_1\,dy_1\,dx_2\,dy_2 \qquad (2.35)$$

wobei $P_1=(x_1,y_1)\in K$ und $P_2 = (x_2,y_2)\in K$ ist.

Statt durch die vier Parameter x_1, y_1, x_2, y_2 kann ein Punktepaar (P_1,P_2) auch durch eine durch die beiden Punkte verlaufende Gerade $G=G(p,\varphi)$ und zwei Koordinatenwerte λ_1 und λ_2 auf dieser Geraden beschrieben werden:

$$\begin{aligned} P_1 &= \big(x_1,y_1\big) = \big(p\cos\varphi + \lambda_1\sin\varphi\,,\,p\sin\varphi - \lambda_1\cos\varphi\big)\\ P_2 &= \big(x_2,y_2\big) = \big(p\cos\varphi + \lambda_2\sin\varphi\,,\,p\sin\varphi - \lambda_2\cos\varphi\big) \end{aligned} \qquad (2.36)$$

Statt des Integrals (2.35), das bezüglich der Variablen x_1, y_1, x_2, y_2 berechnet wird, kann man also die Integration auch bezüglich der Variablen $p,\varphi, \lambda_1, \lambda_2$ durchführen. Dabei läßt sich der Abstand t der beiden Punkte sogar sehr einfach ausdrücken: $t(P_1,P_2) = |\lambda_1 - \lambda_2|$.

In der Integrationstheorie wird gezeigt, daß man mehrfache Integrale folgendermaßen umformen kann:

$$\int w(x_1,...,x_n)\,dx_1...dx_n \;=\; \int Q\cdot W(u_1,...,u_n)\,du_1...du_n \qquad (2.37)$$

Die Variablen hängen durch $x_1 = x_1\,(u_1,...u_n)\,,..., x_n = x_n\,(u_1,...u_n)$ zusammen und Q ist die sogenannte Funktionaldeterminante (oder Jacobische Determinante):

$$Q \;=\; \begin{vmatrix} \partial x_1/\partial u_1 & \partial x_2/\partial u_1 & ... & \partial x_n/\partial u_1 \\ \partial x_1/\partial u_2 & \partial x_2/\partial u_2 & ... & \partial x_n/\partial u_2 \\ ... & ... & ... & ... \\ \partial x_1/\partial u_n & \partial x_2/\partial u_n & ... & \partial x_n/\partial u_n \end{vmatrix} \qquad (2.38)$$

Die Funktionaldeterminante mit den aus (2.36) folgenden Zusammenhängen zwischen den Parametern x_1, y_1, x_2, y_2 einerseits und den Parametern $p, \varphi, \lambda_1, \lambda_2$ andererseits ist

$$Q \;=\; \begin{vmatrix} \partial x_1/\partial p & \partial y_1/\partial p & \partial x_2/\partial p & \partial y_2/\partial p \\ \partial x_1/\partial\varphi & \partial y_1/\partial\varphi & \partial x_2/\partial\varphi & \partial y_2/\partial\varphi \\ \partial x_1/\partial\lambda_1 & \partial y_1/\partial\lambda_1 & \partial x_2/\partial\lambda_1 & \partial y_2/\partial\lambda_1 \\ \partial x_1/\partial\lambda_2 & \partial y_1/\partial\lambda_2 & \partial x_2/\partial\lambda_2 & \partial y_2/\partial\lambda_2 \end{vmatrix}$$

$$\qquad (2.39)$$

$$=\; \begin{vmatrix} \cos\varphi & \sin\varphi & \cos\varphi & \sin\varphi \\ -y_1 & x_1 & -y_2 & x_2 \\ \sin\varphi & -\cos\varphi & 0 & 0 \\ 0 & 0 & \sin\varphi & -\cos\varphi \end{vmatrix}$$

Eine etwas langwierige aber einfache Rechnung liefert

$$Q = \big(x_1\sin\varphi - y_1\cos\varphi\big) - \big(x_2\sin\varphi - y_1\cos\varphi\big) = \lambda_1 - \lambda_2\,. \qquad (2.40)$$

Das Integral (2.35) läßt sich also mit dem Abstand $t = |\lambda_1 - \lambda_2|$ wie folgt umformen:

$$T_k = \iint\limits_{K\,K} t^k \, dP_1 \, dP_2 =$$

$$= \int\limits_{K\cap G} \left(\iint t \cdot t^k \, d\lambda_1 d\lambda_2 \right) dG = \int\limits_{K\cap G} L_K \, dG \quad . \tag{2.41}$$

Zuerst berechnen wir das innere Doppelintegral L_K, das bei vorgegebener Geraden G über alle Werte λ_1 und λ_2 zwischen 0 und s erstreckt wird, wobei s die Länge der Sehne $K\cap G$ ist. Wir finden mittels schrittweiser Integration

$$L_k = \int\limits_{0}^{s}\int\limits_{0}^{s} |\lambda_1 - \lambda_2|^{k+1} \, d\lambda_1 d\lambda_2$$

$$= \int\limits_{0}^{s} d\lambda_1 \left[\int\limits_{0}^{\lambda_1} (\lambda_1 - \lambda_2)^{k+1} \, d\lambda_2 + \int\limits_{\lambda_1}^{s} (\lambda_2 - \lambda_1)^{k+1} \, d\lambda_2 \right] \tag{2.42}$$

$$= \frac{2s^{k+3}}{(k+2)(k+3)}$$

und damit

$$T_k = \iint\limits_{K\,K} t^k \, dP_1 dP_2 = \frac{2}{(k+2)(k+3)} \int\limits_{K\cap G} s^{k+3} \, dG =$$

$$= \frac{2S_{k+3}}{(k+2)(k+3)} \quad . \tag{2.43}$$

Dieser Zusammenhang $S_{k+3} = (k+2)(k+3)T_k/2$ zwischen den Punktabstandspotenzen T_k und den Sehnenlängenpotenzen S_{k+3} gilt für beliebige konvexe Figuren K. Leider läßt sich auf einfache Art und Weise nur $T_0 = F^2$ berechnen (mit F als Fläche der konvexen Figur). Dann erhalten wir aus (2.43) aber sofort das Sehnenlängenintegral $S_3 = 3F^2$ und damit die mittlere dritte Potenz der Sehnenlängen:

$$\overline{s^3} = \frac{S_3}{S_0} = \frac{3F^2}{U} . \qquad (2.44)$$

Die mittlere Distanz $\overline{t}$ zweier gleichverteilter Punkte innerhalb einer konvexen Figur ist durch den Ausdruck T_1/T_0 gegeben. Also finden wir

$$\overline{t} = \frac{\iint t \, dP_1 dP_2}{\iint dP_1 dP_2} = \frac{T_1}{F^2} = \frac{S_4}{6F^2} . \qquad (2.45)$$

Nach dieser Formel kann man entweder $\overline{t}$ aus dem Integral über die vierten Sehnenlängenpotenzen bestimmen oder aber dieses Integral aus der mittleren Punktdistanz innerhalb der Figur.

2.3* Höhere Potenzen von Sehnenlängen

2.3.1* Sehnenlängenpotenzen für spezielle Figuren

In diesem Abschnitt sollen einige Formeln angegeben werden, die möglicherweise für Anwendungen von Interesse sein könnten. Aber man kann die in diesem Kapitel niedergelegten Resultate auch als geeignete Übungsaufgaben betrachten. Die Formeln sind zum großen Teil aus dem Büchern von Blaschke [Bl55] und Santaló [Sa76] übernommen.

Sehnenlängenpotenzen für einen Kreis vom Radius r:

$$S_n = \frac{2 \cdot 4 \cdot \ldots \cdot n}{3 \cdot 5 \cdot \ldots \cdot (n+1)} \cdot \pi \cdot (2r)^{n+1} \qquad \text{für gerades } n$$

$$\qquad (2.46)$$

$$S_n = \frac{1 \cdot 3 \cdot \ldots \cdot n}{2 \cdot 4 \cdot \ldots \cdot (n+1)} \cdot \frac{\pi^2}{2} \cdot (2r)^{n+1} \qquad \text{für ungerades } n$$

Sehnenlängenpotenzen für gleichseitige Dreiecke mit Seitenlänge a:

$$S_n = \frac{4\sqrt{3}}{n+1} \cdot \left(\frac{a\sqrt{3}}{2}\right)^{n+1} \cdot \int_0^{\pi/6} \frac{d\varphi}{\cos^{n-1}\varphi}$$

Sehnenlängenpotenzen für ein Quadrat mit der Seitenlänge a:

$$S_n = \frac{4\,a^{n+1}}{n+1} \int_0^{\pi/4} \frac{(n+1)\cos\varphi - (n-1)\sin\varphi}{\cos^n\varphi}\,d\varphi$$

Sehnenlängenpotenzen für eine Ellipse mit den Halbachsen a und b:

$$S_n = (2ab)^n \cdot \frac{2\cdot\Gamma\left(\dfrac{1}{2}\right)\cdot\Gamma\left(1+\dfrac{n}{2}\right)}{\Gamma\left(\dfrac{3}{2}+\dfrac{n}{2}\right)} \cdot$$

$$\cdot \int_0^{\pi/2} \left(a^2\cos^2\varphi + b^2\sin^2\varphi\right)^{-(n-1)/2}\,d\varphi \qquad (2.47)$$

Hier ist Γ die von Leonhard Euler eingeführte Gamma-Funktion, die folgendermaßen definiert wird:

$$\Gamma(x) = \int_0^\infty e^{-t}\,t^{x-1}\,dt \qquad (2.48)$$

$$\Gamma(x+1) = x\cdot\Gamma(x) \quad , \quad \Gamma(n+1) = n! \quad , \quad \Gamma(1) = 1$$

Für ganzzahlige Argumente n läßt sich $\Gamma(n)$ durch das Produkt der Zahlen 1,2,3,...,n darstellen, das heißt, es ist $\Gamma(n) = 1\cdot2\cdot3\cdot \ldots \cdot n$. Dieses Produkt wird durch $n!$ symbolisiert, durch die sogenannte *Fakultät*. Bei nichtganzzahligen Werten x ist $\Gamma(x)$ stets eine irrationale Zahl. Speziell gilt $\Gamma(1/2)=\pi^{1/2}$. Die folgende kleine Tabelle bietet auf Grund der einfachen Rekursionsformel $\Gamma(x)=(x-1)\Gamma(x-1)$ die Möglichkeit, weitere Funktionswerte zu ermitteln.

Tabelle 2.1 - Gammafunktion

x	$\Gamma(x)$	x	$\Gamma(x)$
1.0	1.00000	1.5	0.88623
1.1	0.95135	1.6	0.89352
1.2	0.91817	1.7	0.90864
1.3	0.89747	1.8	0.93138
1.4	0.88726	1.9	0.96177

2.3.2* Formeln für höhere Sehnenlängenpotenzen

Wenn wir die allgemeine Formel (2.43) für $k = 2$ aufschreiben, so finden wir mit dem zweidimensionalen Vektor $\mathbf{x}^T = (x\ y)$, dem Produkt $\mathbf{x}^2 = \mathbf{x}^T\mathbf{x} = x^2 + y^2$ und der Integrationsvariablen $d\mathbf{x} = dxdy$ die Beziehung

$$S_5 = 10T_2 = 10 \int\limits_{\mathbf{x}\in K} \left(\int\limits_{\mathbf{x}'\in K} (\mathbf{x} - \mathbf{x}')^2 d\mathbf{x}' \right) d\mathbf{x} =$$

$$= 10 \int\limits_{\mathbf{x}\in K} \mathbf{x}^2 \left(\int\limits_{\mathbf{x}'\in K} d\mathbf{x}' \right) d\mathbf{x} -$$

$$- 20 \int\limits_{\mathbf{x}\in K} \mathbf{x} \left(\int\limits_{\mathbf{x}'\in K} \mathbf{x}' d\mathbf{x}' \right) d\mathbf{x} + 10 \int\limits_{\mathbf{x}\in K} \left(\int\limits_{\mathbf{x}'\in K} \mathbf{x}'^2 d\mathbf{x}' \right) d\mathbf{x}$$

Die Sehnenlängenpotenzen sind natürlich von einer Bewegung der Figur K unabhängig, so daß wir den Schwerpunkt von K stets in den Nullpunkt des Koordinatensystems verschieben können. Dann verschwindet das Integral über $d\mathbf{x}$ und $d\mathbf{x}'$, weil der Schwerpunkt s einer Figur durch

$$\int\limits_{\mathbf{x}\in K} \mathbf{x}\, d\mathbf{x} \;=\; \int\limits_{(x_1 y_1)\in K} \begin{pmatrix} x \\ y \end{pmatrix} dx\, dy \;=\; \begin{pmatrix} \int x\, dx\, dy \\ \int y\, dx\, dy \end{pmatrix} \;=\; \begin{pmatrix} s_x \\ s_y \end{pmatrix} \;=\; \mathbf{s}$$

gegeben ist. Also ergibt sich

$$S_5 \;=\; 20\, F J_2$$

$$J_2 \;=\; J_x + J_y \;=\; \int x^2\, d\mathbf{x} + \int y^2\, d\mathbf{x} \;=\; \frac{1}{4}\int\limits_0^{2\pi} \big(r(\varphi)\big)^4\, d\varphi \qquad (2.49)$$

wobei $r=r(\varphi)$ die Gleichung des Randes ∂K der Figur K in Polarkoordinaten ist. Wir bezeichnen J_2 als *polares Trägheitsmoment*. Für
die Standardfiguren des gleichseitigen Dreiecks D, des Quadrates Q
und der Ellipse E erhalten wir

$$S_5^{[D]} \;=\; \frac{5\,a^6}{16} \quad,\quad S_5^{[Q]} \;=\; \frac{10\,a^6}{3} \quad,\quad S_5^{[E]} \;=\; 5\pi^2 a^2 b^2 (a^2 + b^2) \;.$$

Wir kehren nun nochmals zu der Formel (2.43) zurück, die die
Integrale über die k-ten Potenzen der Punktabstände innerhalb einer
konvexen Figur mit den Integralen über die $(k+3)$-ten Potenzen der
Sehnenlängen verknüpft. Da die Sehnenlängenpotenzen S_k wegen der
Integration über die Winkel φ und die Stützabstände p die physikalische Dimension *Länge^{k+1}* besitzen, erhalten wir durch die folgende Definition dimensionslose Formfaktoren (die Fläche F besitzt die Dimension *Länge^2*):

$$R_k \;=\; \frac{S_k}{\sqrt{F^{k+1}}}$$

Leider können wir nur $S_0 = U$ und $S_3 = 3F^2$ direkt berechnen, so daß R_0
$= U/\sqrt{F}$ und $R_3 = 3$ folgt. Aber man kann weitere Ungleichungen zwischen den Sehnenlängenpotenzen ableiten. Beispielsweise lautet die
allgemeine Form der Schwarzschen Ungleichung

$$\left[\int_b^a f(x)\, g(x)\, dx \right]^2 \le \int_a^b f(x)^2\, dx \cdot \int_a^b g(x)^2\, dx$$

für beliebige Funktionen $f(x)$ und $g(x)$. Setzen wir $f(x)=s^p$ und $g(x)=s^q$, so erhalten wir

$$S_{p+q}^2 \le S_{2p}\, S_{2q} \quad , \quad \text{speziell für } p=1 \text{ und } q=2: \quad S_3^2 \le S_2 S_4$$

und mit den Werten von S_3 und S_4 aus den beiden Gleichungen (2.44)

$$S_2 \ge 3 F^2 / 2\bar{t} \ .$$

und (2.45) folgt die Beziehung

Dividieren wir die beiden Seiten dieser Ungleichung durch die vierte Potenz der Fläche, so ergibt sich wegen $\left(\sqrt{F^4}\right)^2 = \sqrt{F^3}\cdot\sqrt{F^5}$ sofort auch eine Ungleichung für die verallgemeinerten Formfaktoren:

$$R_3^2 \le R_2 R_4 \ . \tag{2.50}$$

2.3.3* Fundamentalbereiche

Eine systematische Behandlung gitterförmiger Figuren findet man in dem 1976 erschienenen Buch von Santaló [Sa76]. Danach wird ein Figurengitter derart aus identischen Fundamentalbereichen aufgebaut, daß die gesamte Ebene überdeckt wird (siehe Abbildung 2.12).

Wesentlich dabei ist, daß jeder Punkt der Ebene zu genau einem Fundamentalbereich gehört. Bei der Pflasterung mit Quadraten (Fall a in Abbildung 2.12) muß man also beispielsweise die Punkte der rechten und der unteren Randlinie sowie den Eckpunkt rechts unten dem Fundamentalbereich zuordnen. Im Fall a der Abbildung 2.12 wird daher als Umfang des Fundamentalbereiches nur der halbe Quadratumfang gewertet und im Fall b nur der halbe Umfang des sechseckigen

Fundamentalbereiches. Im Fall c wird der Umfang des quadratischen Fundamentalbereiches überhaupt nicht berücksichtigt, sondern man betrachtet nur die Länge der im Bereich liegenden Kurvenstruktur.

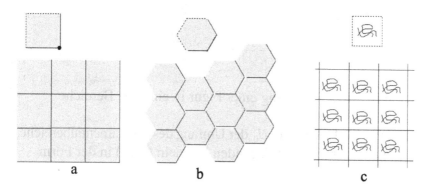

Abb. 2.12 - Fundamentalbereiche und Überdeckung der Ebene

Bezeichnen wir den (nicht notwendig konvexen) Fundamentalbereich mit E_0 und irgendeine frei bewegliche Figur mit X, so kann man jederzeit den Durchschnitt $E_0 \cap X$ bilden. Das integralgeometrische Maß bezüglich irgendeiner Funktion $f(E_0 \cap X)$ ist dann definiert durch

$$J_f^{(0)} = \int\limits_{E_0 \cap X \neq \varnothing} f(E_0 \cap X)\, dX$$

Beim Schneiden von X mit dem Figurengitter brauchen wir X nur in allen möglichen Orientierungen φ zwischen 0 und 2π zu betrachten und in allen möglichen Lagen eines geeignet gewählten Fixpunktes Q_X von X innerhalb des Fundamentalbereiches E_0. Der Grund dafür ist die Tatsache, daß wegen der gitterförmigen Anordnung der Bereiche die Verschiebung von X über die gesamte Ebene auch dadurch ersetzt werden kann, daß wir jedesmal, wenn Q_X außerhalb des Fundamentalbereiches E_0 liegt, einen anderen Bereich als Fundamentalbereich wählen (Abbildung 2.13).

Jeder Durchschnitt $E_i \cap X$ der beweglichen Figur X mit einem der Bereiche E_i kann auch dadurch erreicht werden, daß man X um ganzzahlige Gitterabstände Δu und Δv verschiebt und danach den Durchschnitt $E_0 \cap X_{\Delta u, \Delta v}$ betrachtet.

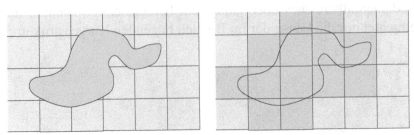

Abb. 2.13 - Zerlegung einer Figur in einzelne Bereiche

Wenn nun F_0 die Fläche und U_0 der Umfang des Fundamentalbereiches ist, so können wir die grundlegenden Formeln (2.16) in der Form

$$J_F = \int F_{E_0 \cap X} dX = 2\pi F_0 F_X$$

$$J_U = \int U_{E_0 \cap X} dX = 2\pi \left(F_0 U_X + U_0 F_X \right)$$

$$J_T = \int T_{E_0 \cap X} dX = 2\pi \left(F_0 T_X + U_0 U_X + T_0 F_X \right)$$

schreiben. Dabei ist das Integral über alle Orientierungen der Figur X und alle Lagen ihres Fixpunktes Q_X im Fundamentalbereich durch

$$\int dX = \int_0^{2\pi} \left(\int_{Q_X \in E_0} dx dy \right) d\varphi = 2\pi F_0$$

gegeben. Also erhalten wir die Mittelwerte der integralgeometrischen Maße zu

$$\overline{F} = J_F / 2\pi F_0 \ , \ \ \overline{U} = J_U / 2\pi F_0 \ , \ \ \overline{T} = J_T / 2\pi F_0 \qquad (2.51)$$

2.4 Aufgaben

A2.1 Bestimme für die drei nebenstehenden Figuren die Totalkrümmungen T_1, T_2, T_3!

A2.2 Berechne das Integral J_U aus (2.16) für den Fall, daß die Figur
X entsprechend Abbildung 2.4 aus den beiden Figuren X_1 und
X_2 zusammengesetzt ist!

A2.3 Eine ortsfeste konvexe Figur K soll durch einen frei beweglichen Kreisring mit den beiden Radien r_1 und r_2 geschnitten
werden. Man berechne den Mittelwert der Länge der in K enthaltenen Kreisbögen im Grenzwert $r_1 \rightarrow r_2 = r$!

A2.4 Es sei K ein Quadrat der Seitenlänge a, aus dem ein zentrisch
gelegener Kreis mit dem Radius $r < a/2$ ausgeschnitten ist. Man
berechne den Mittelwert der Länge der Sehnen, die eine frei
bewegliche Gerade beim Schnitt mit K bildet!

A2.5 Gegeben sei ein Quadrat Q der Seitenlänge a und ein Kreis K
vom Radius r. Je nach der Lage der beiden Figuren und dem
Verhältnis von a zu r treten bei $Q \cap K \neq \emptyset$ unterschiedlich viele
Schnittpunkte zwischen den Randlinien des Quadrates und des
Kreises auf. Man berechne für gegebene Werte von a und r die
mittlere Schnittpunktanzahl und bestimme, für welches Verhältnis $\alpha = a/r$ diese Anzahl ein Maximum annimmt!

A2.6 Bestimme den mittleren Abstand $\bar{t}$ zweier Punkte in einem
Kreises vom Radius r!

A2.7 Die Ebene sei gitterförmig in Quadrate der Seitenlänge l
eingeteilt. Es wird eine kreisförmige Münze vom Radius $r < l/2$
zufällig auf die Ebene geworfen. Wie groß ist die Wahrscheinlichkeit p_0, daß die Münze ganz im Inneren eines Quadrates
liegt? Wie groß ist die Wahrscheinlichkeit p_0, daß die Münze
mindestens eine der Gitterlinien schneidet?

3 Dreidimensionale Integralgeometrie

3.1 Konvexe Körper

3.1.1 Stützebene und Stützfunktion

Im dreidimensionalen euklidischen Raum werden die wesentlichen charakteristischen geometrischen Größen von Körpern und die Schnitte solcher Körper in Analogie zum zweidimensionalen Fall eingeführt. Daß schon in nur wenig veränderten Situationen komplizierte Fragestellungen auftreten können, zeigt Abbildung 3.1.

Auf den ersten Blick erscheinen die Schnittfiguren als unregelmäßig geformte Polygone. Aber die geometrischen Formen der geschnittenen Polyeder (beispielsweise kleiner Kristalle) führen dazu, daß beim Tetraeder lediglich Dreiecke und Vierecke als Schnittfiguren auftreten können. Beim Oktaeder sind es Vierecke und Sechsecke, wogegen beim Würfel Polygone mit 3,4,5 und 6 Seiten zu beobachten sind.

Vielleicht gibt dieses Beispiel einen Hinweis darauf, wie ungewohnt und kompliziert die in der Praxis auftretenden stereologischen Probleme sein können. Deshalb sollen hier einige der aus der Literatur [Sa76] bekannten Formeln und Beziehungen der dreidimensionalen Integralgeometrie angegeben werden.

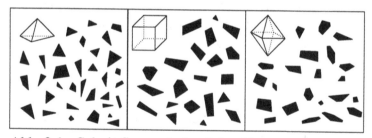

Abb. 3.1 - Schnittfiguren beim Schneiden von Polyedern durch eine Ebene

Statt der Stützgeraden zweidimensionaler konvexer Figuren verwendet man im dreidimensionalen Fall Stützebenen zur Beschreibung konvexer Körper. Die Stützebenen liegen senkrecht zu den vom Ursprung des Koordinatensystems in Richtung ω ausgehenden Vektoren. Im Kugelkoordinatensystem $(r, \beta\ \lambda)$ mit r als Radius, β als „geographische Breite" und λ als „geographische Länge" gelten für die Umrechnung von Kugelkoordinaten auf kartesische Koordinaten die Formeln

$$x = r \cdot \cos\beta \, \cos\lambda$$
$$y = r \cdot \cos\beta \, \sin\lambda \quad . \qquad\qquad (3.1)$$
$$z = r \cdot \sin\beta$$

Der Äquator ist durch $\beta = 0$ gekennzeichnet, der Nordpol durch $\beta = \pi/2$ und der Südpol durch $\beta = -\pi/2$ (bzw. durch die Winkel $0°$, $90°$ und $-90°$). Die Raumrichtung $\omega = (\beta, \lambda)$ wird durch den Einheitsvektor $\mathbf{e}_\omega = (\cos\beta \cdot \cos\lambda, \cos\beta \cdot \sin\lambda, \sin\beta)^T$ beschrieben.

Wenn die Stützebene den Abstand p vom Ursprung besitzt, dann beschreibt der Vektor $p\mathbf{e}_\omega$ den Schnittpunkt der vom Ursprung ausgehenden und in Richtung $\mathbf{e}_\omega$ verlaufenden Geraden mit der Stützebene. Ebenso wie im zweidimensionalen Fall ist dieser Schnittpunkt im allgemeinen verschieden vom Berührungspunkt der Stützebene mit dem konvexen Körper (siehe dazu Abbildung 1.5). Die jetzt von zwei Winkeln abhängige Funktion $p = p(\beta, \lambda) = p(\omega)$ wird auch hier als *Stützfunktion* bezeichnet. Die Gleichung der Stützebene ist in Analogie zur Formel (1.1) durch

$$\mathbf{r}^T \mathbf{e}_\omega = x \cos\beta \, \cos\lambda + y \cos\beta \, \sin\lambda + z \sin\beta = p(\beta, \lambda)$$

gegeben. Statt des im zweidimensionalen Fall zur Umfangsbestimmung verwendeten Bogenelementes ds und des Krümmungsradius ϱ wird hier das Flächenelement $dS = \varrho_1 \varrho_2 \, d\omega$ verwendet (mit den beiden Hauptkrümmungsradien ϱ_1 und ϱ_2). Das Differential $d\omega$ läßt sich mittels der Differentiale $d\beta$ und $d\lambda$ durch

$$d\omega = d\beta \, d\lambda \cos\beta$$

darstellen. Für konkrete Rechnungen ist statt $d\omega$ immer diese ausführlichere Form zu verwenden.

Die Oberfläche des konvexen Körpers K kann in der unmittelbaren (infinitesimalen) Umgebung eines Punktes P_ω näherungsweise als Fläche zweiten Grades beschrieben werden. In der Flächentheorie (siehe etwa [Br79]) wird gezeigt, daß für ein kleines (infinitesimales) Flächenelement dS die beiden Hauptkrümmungsradien beliebige Vorzeichen annehmen können. Es gilt $\varrho_1 \varrho_2 > 0$ für elliptische Punkte (etwa bei Ellipsoid und Kugel), $\varrho_1 \varrho_2 < 0$ für hyperbolische Punkte (einschaliges Hyperboloid) und $\varrho_1 \varrho_2 = 0$ für parabolische Punkte (Zylinder oder Ebene).

So wie man im zweidimensionalen Fall Fläche, Umfang und Total-krümmung einer konvexen Figur mit $ds = \varrho \, d\varphi$ durch die Integrale

$$F = \frac{1}{2} \int_{\partial K} p \, ds = \frac{1}{2} \int_0^{2\pi} p \varrho \, d\varphi$$

$$U = \int_{\partial K} ds = \int_0^{2\pi} \varrho \, d\varphi \quad , \quad T = \int_{\partial K} \frac{ds}{\varrho} = \int_0^{2\pi} d\varphi \tag{3.2}$$

bestimmen kann, gibt es im dreidimensionalen Fall mit dem Flächen-element $dS = \varrho_1 \varrho_2 \, d\omega$ die Integraldarstellungen

$$V = \frac{1}{3} \int_{\partial K} p \, dS = \frac{1}{3} \int p \varrho_1 \varrho_2 \, d\omega$$

$$S = \int_{\partial K} dS = \int \varrho_1 \varrho_2 \, d\omega = \frac{1}{2} \int p(\varrho_1 + \varrho_2) \, d\omega \tag{3.3a}$$

$$M = \frac{1}{2} \int_{\partial K} \left(\frac{1}{\varrho_1} + \frac{1}{\varrho_2} \right) dS = \frac{1}{2} \int \left(\varrho_1 + \varrho_2 \right) d\omega = \int p(\omega) \, d\omega$$

$$T = \int_{\partial K} \frac{dS}{\varrho_1 \varrho_2} = \int d\omega \quad . \tag{3.3b}$$

Bei den Integralen über den Raumwinkel ω muß beachtet werden, daß sie nur für konvexe Körper allgemein gültig sind (beispielsweise könnte bei hyberbolischen Flächen $\varrho_1 + \varrho_2 = 0$ gelten, was mit $dS = p(\varrho_1 + \varrho_2) \, d\omega$ natürlich nicht vereinbar ist. Das Integral über alle Raum-richtungen wird gegeben durch

$$\int d\omega = \int_0^{2\pi} d\lambda \int_{-\pi/2}^{\pi/2} \cos\beta \, d\beta = 2\pi \cdot 2 = 4\pi \quad . \tag{3.4}$$

Das Volumen V und die Größe S der Oberfläche sind Objektcharak-teristika, die man bereits aus dem Schulunterricht kennt. Anders ist es mit den Krümmungsmaßen M und T, die hier neu eingeführt worden sind. Die *Totalkrümmung* T ist durch das Flächenintegral über den Ausdruck $1/\varrho_1\varrho_2$ gegeben bzw. durch das Integral über den vollen Raumwinkel 4π. Also ist jeder konvexe Körper durch den Wert $T = 4\pi$ gekennzeichnet.

Für eine Hohlkugel erhält man $T = 8\pi$, weil auch für die innere Oberfläche $\varrho_1\varrho_2 > 0$ gilt (im Unterschied zu einem zweidimensionalen Kreisring mit $T = 0$). Dagegen besitzt ein Torus die Totalkrümmung $T = 0$, weil man im Dreidimensionalen zwei Arten von „Löchern" unterscheiden muß: „allseitig geschlossene Löcher" (wie bei einer Hohlkugel) und „durchgehende Löcher" (wie beim Torus). Die mittlere Krümmung M (exakter: das Integral der mittleren Krümmung) ist im einfachsten Fall durch das Integral über die Stützfunktion $p(\omega)$ gegeben (der Name resultiert aus der Darstellung als Flächenintegral über den Ausdruck $(1/\varrho_1 + 1/\varrho_2)/2$ für die lokale mittlere Krümmung).

3.1.2* Krümmung von 3D-Oberflächen

Im Zweidimensionalen können wir für jeden Punkt einer einfachen geschlossenen Kurve eine Krümmung $\varkappa$ angeben (und damit einen Krümmungsradius ϱ, siehe Formel (1.5)). Anders ist die Situation im Dreidimensionalen, wo wir es mit den Oberflächen von Körpern zu tun haben.

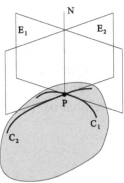

Abb. 3.2 - Die beiden Ebenen E_1 und E_2 verlaufen durch die Gerade N, die auf der Oberfläche im Punkt P als Normale errichtet wurde

In der Abbildung 3.2 ist ein Punkt P auf der Oberfläche gegeben. Wenn eine glatte Oberfläche vorliegt, kann man in diesem Punkt eindeutig eine Flächennormale N errichten, die durch den Normalenvektor **n** gekennzeichnet ist (senkrecht zur Geraden N verläuft durch den Punkt P die Tangentialebene). Wenn wir eine Ebene E durch die Gerade N legen, dann schneidet sie die Oberfläche längs einer Kurve C. Bezüglich der Ebene E ist C in der Nähe von P eine einfache Kurve, so daß wir ihre Krümmung und den entsprechenden Krümmungsradius im Punkt P bestimmen können.

Allerdings werden wir für verschiedene Ebenen E_1 und E_2 im allgemeinen auch unterschiedliche Krümmungen $\varkappa_1$ und $\varkappa_2$ sowie unterschiedliche Krümmungsradien ϱ_1 und ϱ_2 erhalten.

Die einzelnen durch N verlaufenden Ebenen E_1, E_2 usw. ergeben sich durch die Rotation einer Anfangsebene E um die Rotationsachse N. In Abhängigkeit vom Rotationswinkel φ ändern sich Krümmung $\varkappa$ und Krümmungsradius $\varrho = 1/\varkappa$ der Schnittkurve C_φ, und wenn die Oberfläche im Punkt P kontinuierlich verläuft, dann werden auch die Funktionen $\varkappa(\varphi)$ und $\varrho(\varphi)$ kontinuierliche Funktionen sein. Maximal- und Minimalwert von $\varrho(\varphi)$ bezeichnet man als Hauptkrümmungsradien ϱ_1 und ϱ_2.

Für die Oberfläche einer Kugel vom Radius r gilt überall $\varkappa_1 = \varkappa_2 = 1/r$, weil r der Krümmungsradius ist. Ein gerader Kreiszylinder vom Radius r hat eine maximale Oberflächenkrümmung $\varkappa_{max} = 1/r$ (für jede die Zylinderachse senkrecht schneidende Ebene) und eine minimale Oberflächenkrümmung $\varkappa_{min} = 0$ (für jede durch die Zylinderachse gehende Ebene).

Die Hauptkrümmungen können beide positiv sein (wie etwa bei der Kugel), beide negativ (wie bei der inneren Oberfläche einer Hohlkugel), verschwinden (wie bei einer Ebene) oder auch unterschiedliche Vorzeichen besitzen (wie zum Beispiel bei einer Sattelfläche). Das hängt davon ab, welchen Typ einer Fläche zweiten Grades man infinitesimal im Punkt P an die Oberfläche anpassen kann:

ein Ellipsoid mit $\varkappa_{min} > 0$ und $\varkappa_{max} > 0$
  (oder $\varkappa_{min} < 0$ und $\varkappa_{max} < 0$):   elliptischer Punkt
einen elliptischen Zylinder mit $\varkappa_{min} = 0$ und $\varkappa_{max} \neq 0$:
  parabolischer Punkt

eine Ebene mit $\varkappa_{min} = 0$ und $\varkappa_{max} = 0$:
planarer Punkt
ein einschaliges Hyperboloid mit $\varkappa_{min} < 0$ und $\varkappa_{max} > 0$:
hyperbolischer Punkt

So wie wir im Zweidimensionalen die Koordinaten (x,y) eines Kurvenpunktes durch einen Parameter t als $x(t)$ und $y(t)$ beschrieben haben, werden im Dreidimensionalen die Koordinaten (x,y,z) einer Oberflächenpunktes durch zwei Parameter u und v festgelegt (parametrisierte Fläche):

$$\mathbf{r} = \begin{pmatrix} x \\ y \\ z \end{pmatrix} = \begin{pmatrix} x(u,v) \\ y(u,v) \\ z(u,v) \end{pmatrix} = \mathbf{r}(u,v) \ .$$

Die Änderungen des Vektors $\mathbf{r}(u,v)$ sind durch die beiden folgenden Tangentialvektoren gegeben:

$$\mathbf{t}_u = \frac{\partial \mathbf{r}}{\partial u} = \begin{pmatrix} \partial x/\partial u \\ \partial y/\partial u \\ \partial z/\partial u \end{pmatrix} \quad , \quad \mathbf{t}_v = \frac{\partial \mathbf{r}}{\partial v} = \begin{pmatrix} \partial x/\partial v \\ \partial y/\partial v \\ \partial z/\partial v \end{pmatrix} \ .$$

Diese beiden Vektoren $\mathbf{t}_u$ und $\mathbf{t}_v$ spannen die Tangentialebene auf, so daß das vektorielle Produkt $\mathbf{t}_u \times \mathbf{t}_v$ den Normalenvektor $\mathbf{n}$ liefert:

$$\mathbf{n} = \frac{\mathbf{t}_u \times \mathbf{t}_v}{|\mathbf{t}_u \times \mathbf{t}_v|} \ .$$

Die Gesamtheit ($\mathbf{t}_u$, $\mathbf{t}_v$, $\mathbf{n}$) der drei vom Flächenpunkt P abhängigen Vektoren $\mathbf{t}_u$, $\mathbf{t}_v$, $\mathbf{n}$ wird als das *begleitende Dreibein* bezeichnet.

Eine Kurve auf der Oberfläche kann man festlegen, indem man die beiden Parameter u und v von einem einzigen Parameter w abhängen läßt:

$$u = u(w) \quad , \quad v = v(w) \ .$$

Dann beschreibt $\mathbf{r} = \mathbf{r}(w)$ eine Raumkurve. Die differentielle Änderung des Punktes $\mathbf{r}$ ist gegeben durch

$$d\mathbf{r} = \frac{\partial \mathbf{r}}{\partial u} du + \frac{\partial \mathbf{r}}{\partial v} dv = \mathbf{t}_u du + \mathbf{t}_v dv .$$

Das Differential der Bogenlänge auf der Raumkurve ergibt sich zu

$$ds^2 = |d\mathbf{r}|^2 = E du^2 + 2F du dv + G dv^2$$

mit

$$E = \left(\frac{\partial x}{\partial u}\right)^2 + \left(\frac{\partial y}{\partial u}\right)^2 + \left(\frac{\partial z}{\partial u}\right)^2$$

$$G = \left(\frac{\partial x}{\partial v}\right)^2 + \left(\frac{\partial y}{\partial v}\right)^2 + \left(\frac{\partial z}{\partial v}\right)^2$$

$$F = \left(\frac{\partial x}{\partial u}\right)\left(\frac{\partial x}{\partial v}\right) + \left(\frac{\partial y}{\partial u}\right)\left(\frac{\partial y}{\partial v}\right) + \left(\frac{\partial z}{\partial u}\right)\left(\frac{\partial z}{\partial v}\right)$$

Der Ausdruck $ds^2 = E du^2 + 2F du dv + G dv^2$ wird als *erste Fundamentalform* der Fläche bezeichnet [Ca83]. Die Änderung des Normalenvektors $\mathbf{n}$ wird durch die differentiellen Änderungen du und dv der beiden die Fläche beschreibenden Parameter bestimmt. Es ist

$$d\mathbf{n} = \left(\frac{\partial \mathbf{n}}{\partial u}\right) du + \left(\frac{\partial \mathbf{n}}{\partial v}\right) dv ,$$

so daß auch das skalare Produkt $(d\mathbf{n}, d\mathbf{r}) = d\mathbf{n} \cdot d\mathbf{r}$ als eine quadratische Form dargestellt werden kann (*zweite Fundamentalform*):

$$-d\mathbf{n}\, d\mathbf{r} = L du^2 + 2M du dv + N dv^2 .$$

Schließlich folgt (siehe zum Beispiel [Br79],[Ca83] oder [We90]), daß die beiden Hauptkrümmungen $\varkappa_1$ und $\varkappa_2$ als Lösung der quadratischen Gleichung

$$\varkappa^2 - 2H\varkappa + K = 0$$

mit

$$K = \frac{LN - M^2}{EG - F^2} \quad , \quad H = \frac{LG - 2FM + EN}{2(EG - F^2)}$$

gegeben sind. Die uns interessierenden beiden Krümmungsmaße der Gaußschen Krümmung g und der mittleren Krümmung m sind dann

$$g = \varkappa_1 \varkappa_2 \quad \text{und} \quad m = \frac{\varkappa_1 + \varkappa_2}{2}$$

woraus die Totalkrümmung T und das Integral der mittleren Krümmung M durch Integration über die gesamte Oberfläche folgen:

$$T = \int \varkappa_1 \varkappa_2 \, dS \quad \text{und} \quad M = \frac{1}{2} \int (\varkappa_1 + \varkappa_2) \, dS \quad . \tag{3.5}$$

3.1.3 Krümmungsintegral und mittlere Breite

Von den vier Charakteristika dreidimensionaler Körper – Volumen V, Oberfläche S, mittlere Krümmung M und Totalkrümmung T – sind die beiden letzten relativ unbekannt. Aber besonders M besitzt für die Integralgeometrie (und damit natürlich auch für die Stereologie) eine spezielle Bedeutung. Deshalb sollen in diesem Abschnitt für einige einfache Körper die Integrale der mittleren Krümmung berechnet werden. Wir werden dabei je nach Bedarf von einem der folgenden (in 3.3) angegebenen Ausdrücke ausgehen:

$$M = \frac{1}{2} \int_{\partial K} \left(\frac{1}{\varrho_1} + \frac{1}{\varrho_2} \right) dS =$$

$$= \frac{1}{2} \int \left(\varrho_1 + \varrho_2 \right) d\omega = \int p(\omega) \, d\omega \quad . \tag{3.6}$$

Besonders einfach läßt sich das Krümmungsintegral für die Kugel berechnen. Die beiden Hauptkrümmungsradien ϱ_1 und ϱ_2 sind hier unabhängig von der jeweiligen Raumrichtung ω und gleich dem Kugelradius r. Also folgt mit dem Oberflächenintegral $\int dS = 4\pi r^2$ aus dem ersten Ausdruck (3.6) das Ergebnis $M = 4\pi r$. Da für eine im Ursprung zentrierte Kugel $p(\omega) = r$ gilt, erhalten wir auch mit den anderen beiden Formeln dieses Ergebnis. Insgesamt gilt also entsprechend (3.3) für die Kugel

$$V_O = \frac{4\pi}{3} r^3 \quad , \quad S_O = 4\pi r^2$$
$$M_O = 4\pi r \quad , \quad T_O = 4\pi \quad .$$

Aber auch für konvexe Polyeder ist das Krümmungsintegral M relativ einfach berechenbar. Für die durch bestimmte Werte der Raumrichtung ω gekennzeichneten Polyederflächen gehen die Krümmungsradien gegen unendlich, so daß im ersten Integralausdruck (3.6) die Beiträge über die Seitenflächen verschwinden.

Eine Kante der Länge l des Polyeders betrachten wir als Teil der Mantelfläche eines geraden Kreiszylinders der Länge l, deren beide Hauptkrümmungsradien $\varrho_1 = \varrho$ (mit nachfolgendem Grenzübergang $\varrho \to 0$) und $\varrho_2 \to \infty$ sein mögen. Die im ersten Integral (3.6) zu berücksichtigende Teilfläche des Kreiszylinders ist durch $S_{l,\alpha} = l(\pi - \alpha)\varrho$ gegeben, wobei α der Innenwinkel ist, mit dem die beiden an die Kante angrenzenden Polyederflächen zusammenstoßen (bei konvexen Polyedern ist stets $\alpha < \pi$). Der Beitrag dieser Mantelfläche ist also durch

$$M_{\text{teil}} = \frac{1}{2} \int_{\partial K} \left(\frac{1}{\varrho} + 0 \right) dS = \frac{l(\pi - \alpha)\varrho}{2\varrho} = \frac{l(\pi - }{2}$$

gegeben, so daß man den Grenzübergang $\varrho \to 0$ durchführen kann. Die Ecken des Polyeders liefern keinen Beitrag, wie man leicht zeigen kann. Wird nämlich eine Ecke vorerst durch den Teil einer Kugeloberfläche (mit den Hauptkrümmungsradien $\varrho_1 = \varrho_2 = \varrho$) angenommen und die Größe der Oberfläche mit $\Delta S = \Delta \omega \cdot \varrho^2$, so liefert das erste (und auch das zweite) Integral (3.6) den Beitrag $\Delta \omega \cdot \varrho$ mit $\Delta \omega$ als dem vom Kugelteil eingenommenen Raumwinkel. Mit $\varrho \to 0$ verschwindet dann aber auch das Produkt $\Delta \omega \cdot \varrho$. Wenn man nun M_{teil} über alle Kanten des Polyeders summiert, so folgt als Krümmungsintegral [Bl55]

$$M_{\text{poly}} = \frac{1}{2} \sum_k l_k (\pi - \alpha_k) \quad . \tag{3.7}$$

Speziell für den Würfel erhalten wir

$$V_\square = a^3 \quad , \quad S_\square = 6a^2$$
$$M_\square = 3\pi a \quad , \quad T_\square = 4\pi \; . \tag{3.8}$$

Die mittlere Breite $\overline{B}$ eines konvexen Körpers (Mittelwert aller Breiten über den vollen Raumwinkel 4π) ist analog zum zweidimensionalen Fall (dort gilt $\overline{B} = U/\pi$, siehe Formel (1.8)) durch die einfache Beziehung

$$\overline{B} = \frac{1}{4\pi}\int\left[p(\omega) + p(\omega^*)\right]d\omega = \frac{1}{2\pi}\int p(\omega)\,d\omega = \frac{M}{2\pi} \tag{3.9}$$

gegeben (wobei ω^* die zu ω entgegengesetzte Raumrichtung bedeutet). In der folgenden Tabelle 3.1 sind für einige einfache Körper die Krümmungsintegrale und die mittleren Breiten zusammengestellt.

Da die Breite eines konvexen Körpers in der Raumrichtung ω die „Anzahl" der Ebenen bestimmt, die senkrecht zu ω verlaufen und K schneiden, wird der Körper insgesamt von $4\pi \overline{B}/2$ Ebenen geschnitten. Also ist wegen (3.9) das Krümmungsintegral M gleich der integralgeometrischen Anzahl N_E aller Ebenen, die den konvexen Körper schneiden:

$$N_E = \int p(\omega)\,d\omega = M \; . \tag{3.10}$$

Das Krümmungsintegral für eine Strecke S der Länge l (das heißt für einen Zylinder mit verschwindendem Radius) ist $M_S = \pi l$. Also wird diese Strecke nach (3.10) von πl Ebenen geschnitten. Jede Ebene liefert genau einen Schnittpunkt mit der Strecke, so daß man die „Anzahl" aller Schnittpunkte $N_S = \pi l$ angeben kann (genauer gesagt: N_S ist das Maß aller Schnitte zwischen einer Strecke der Länge l und einer frei beweglichen Ebene).

Tabelle 3.1 - Krümmungsintegrale und mittlere Breiten

Körper Parameter	Krümmungs- integral M	mittlere Breite $\overline{B}$
Kugel Radius r	$4\pi\, r$	$2r$
Würfel Kantenlänge a	$3\pi\, a$	$3a/2$
Segment Länge l	$\pi\, l$	$l/2$
Kreisscheibe Radius r	$\pi^2\, r$	$\pi\, r/2$
Quader Kantenlängen a,b,c	$\pi\,(a+b+c)$	$(a+b+c)/2$
Zylinder Radius r, Höhe h	$\pi\,(\pi\, r + h)$	$(\pi\, r + h)/2$

Ein aus zwei verschiedenen Strecken S_1 und S_2 bestehender „Strecken-komplex" (siehe dazu [Bl55]) wird in Abhängigkeit von der gegenseitigen Lage der Strecken von unterschiedlich vielen Ebenen geschnitten (in jedem Einzelfall existieren hier 0 oder 1 oder 2 Schnittpunkte). Aber die integralgeometrische Anzahl aller Schnittpunkte ist einfach durch

$$N_{S_1} + N_{S_2} = \pi l_1 + \pi l_2 = \pi\left(l_1 + l_2\right) \tag{3.11}$$

bestimmt. Dieses Resultat kann man auf beliebige Linienkomplexe C erweitern, d.h. auf Objekte, die aus verschwindend dünnen (geraden oder auch gekrümmten) Linien zusammengesetzt sind.

Ein Hinweis für die Anwendung in der Stereologie: Schneidet man einen zufällig verteilten Linienkomplex C mit einer Ebene, so wird die Anzahl N_C der zu beobachtenden Schnittpunkte bis auf statistische Schwankungen proportional zur Gesamtlänge L des Linienkomplexes sein (wenn der Linienkomplex Vorzugsrichtungen aufweist – wie es bei Nervenfasern, Blutkapillaren oder Wurzelfasern der Fall ist – dann muß man die Lage der schneidenden Ebenen zufällig gleichverteilt wählen). Für die Faserlängen L_1 und L_2 zweier verschiedener Präparate C_1 und C_2 gilt dann die Beziehung $L/L = N/N$ oder präziser als statistischer Erwartungswert

$$L_1/L_2 = E\left(N_1/N_2\right) .$$

3.1.4 Schnitte von Geraden mit konvexen Körpern

In diesem Abschnitt soll das Schneiden zwischen Geraden und konvexen Körpern untersucht werden. Dabei gehen wir von der einfachen Tatsache aus, daß jede den konvexen Körper K schneidende Gerade G die Oberfläche ∂K des Körpers genau zweimal trifft (wenn wir von den Geraden absehen, die K tangential streifen – aber deren Anzahl ist vom Maße Null).

In der Abbildung 3.3 ist ein ebenes Flächenstück der Größe ΔS gezeigt, das von einer Geraden G geschnitten wird. Der Winkel zwischen Geraden und Flächenebene sei β, und der Winkel zwischen der Projektionslinie G_p der Geraden und der X-Achse sei λ. Die Gerade G soll der Repräsentant einer ganzen Geradenschar sein, deren einzelne Geraden sämtlich parallel zu G verlaufen.

Falls $\beta = \pi/2$ ist, d.h. wenn die Geraden das Flächenstück senkrecht treffen, dann ist ΔS ein Maß für die Anzahl aller durch das Flächenstück hindurchgehenden Geraden. Im Fall $\beta < \pi/2$ wird das Flächenstück von der Geradenschar unter einem kleineren Winkel gesehen, so daß der Querschnitt des das Flächenstück treffenden Geradenbündels nur noch die Größe $\Delta S \sin\beta$ besitzt.

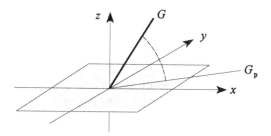

Abb. 3.3 - Schnitt zwischen Gerade G und Flächenstück

Nun können die Geraden aus beliebigen Raumrichtungen ω auf das Flächenstück treffen. Also müssen wir mit $d\omega = \cos\beta \, d\beta \, d\lambda$ über sämtliche Raumrichtungen $0 \le \beta \le \pi/2$ integrieren, um die Gesamtzahl ΔN der schneidenden Geraden zu erhalten (siehe auch (3.4)):

$$\Delta N = \int \Delta S \sin\beta \, d\omega = \int \Delta S \sin\beta \cos\beta \, d\beta \, d\lambda = \pi \Delta S \ . \qquad (3.12)$$

Dieses Ergebnis ist unabhängig von der ursprünglichen Orientierung des Flächenstückes. Daher wird die Integration über die gesamte Oberfläche ∂K des konvexen Körpers das Resultat

$$N_G = \frac{1}{2} \int_{\partial K} \pi \, dS = \frac{\pi}{2} S \qquad (3.13)$$

für die integralgeometrische Anzahl aller einen konvexen Körper treffenden Geraden angeben (der Faktor 1/2 muß sein, da jede Gerade den Körper an zwei verschiedenen Oberflächenpunkten durchstößt).

3.1.5 Parallelkörper und Integralmaße

In Analogie zu den in Abschnitt 1.3.1 betrachteten Parallelfiguren zweidimensionaler konvexer Figuren sollen jetzt die (dreidimensionalen) Parallelkörper K_r von konvexen Körpern K untersucht werden. Der Einfachheit halber nehmen wir an, daß der Aufpunkt, d.h. der Ursprung des Koordinatensystems, im Inneren des jeweiligen Körpers liegt. Dann ergibt sich für den Abstand p der Stützebenen genau wie im zweidimensionalen Fall (1.17) die Beziehung

$$p_r(\omega) = p(\omega) + r \qquad (3.14)$$

und für die Hauptkrümmungsradien ϱ_1 und ϱ_2, die im Fall konvexer Körper beide positiv sind, gelten die einfachen Formeln

$$\varrho_{1,r}(\omega) = \varrho_1(\omega) + r \quad , \quad \varrho_{2,r}(\omega) = \varrho_2(\omega) + r \quad . \qquad (3.15)$$

Alle drei Beziehungen sind für eine Kugel sofort verständlich. Aber auch für beliebige konvexe Körper K sind sie leicht einsehbar, da für den jeweiligen Parallelkörper die senkrecht zur Raumrichtung ω verlaufende Stützebene E_ω lediglich um den Betrag r in Richtung ω „nach außen" geschoben wird. Und da die Verbindungsstrecke zwischen dem Berührungspunkt von E_ω und K einerseits und den Mittelpunkten der beiden Hauptkrümmungskreise andererseits ebenfalls senkrecht zu E_ω verlaufen, werden sich auch die beiden Hauptkrümmungsradien um den Betrag r vergrößern. Setzen wir nun die Beziehungen (3.14) und (3.15) in die allgemeinen Integralformeln (3.3) ein, so finden wir die folgenden Gesetzmäßigkeiten

$$
\begin{aligned}
T_r &= \int d\omega \\
M_r &= \int p_r(\omega)\, d\omega = \int \left(p(\omega) + r \right) d\omega \\
S_r &= \int \varrho_{1,r}\, \varrho_{2,r}\, d\omega = \int \left(\varrho_1 + r \right)\left(\varrho_2 + r \right) d\omega \\
V_r &= (1/3) \int p_r(\omega)\, \varrho_{1,r}\, \varrho_{2,r}\, d\omega = \\
&= (1/3) \int \left(p(\omega) + r \right)\left(\varrho_1 + r \right)\left(\varrho_2 + r \right) d\omega
\end{aligned}
\qquad (3.16)
$$

und schließlich die Formeln

$$
\begin{aligned}
T_r &= T = 4\pi \\
M_r &= M + rT = M + 4\pi r \\
S_r &= S + 2rM + r^2 T = S + 2rM + 4\pi r^2 \\
V_r &= V + rS + r^2 M + r^3 T/3 = V + rS + r^2 M + 4\pi r^3/3
\end{aligned}
\qquad (3.17)
$$

Ein Vergleich von (3.17) mit den Ergebnissen (1.18) und (1.19) für zweidimensionale Figuren ist recht nützlich, um die allgemeinen Eigenschaften von Parallelfiguren besser verstehen zu können. Die letzte und komplizierteste der vier Formeln (3.17) hat bereits Steiner im Jahre 1840 gefunden [St40, Bl55].

Die Integralausdrücke für das Volumen V, den Oberflächeninhalt S, das Krümmungsintegral M und die Totalkrümmung T, gebildet über alle Durchschnitte $X \cap X'$ eines festgehaltenen Körpers X und eines frei-beweglichen Körpers X', sind in (3.18) gegeben. Dabei ist berücksichtigt, daß „freie Bewegung" im dreidimensionalen Fall bedeutet, daß der Festpunkt $P_0 = (x_0, y_0, x_0)$ des jeweiligen Körpers jede beliebige Lage annehmen kann. Und ein mit dem Körper fest verbundenes Koordinatensystem wird bezüglich seiner Lage durch die drei Winkel geographische Breite β, geographische Länge λ und Drehwinkel ϑ um die Richtungsachse charakterisiert. Das Integral über diese drei Winkel liefert $2 \cdot 2\pi \cdot 2\pi = 8\pi^2$.

Die Gruppe (3.18) grundlegender Formeln gilt – in Analogie zu den für den zweidimensionalen Fall abgeleiteten Beziehungen (2.16) – nicht nur für konvexe Körper, sondern ganz allgemein für beliebige Körper. Wir werden sie hier nicht einzeln ableiten, obwohl – zumindest was das Integral J_V betrifft – beim Beweisen keine größeren Schwierigkeiten als für das Integral J_F in Abschnitt 2.1.1 auftreten dürften. Das Integral J_T dagegen ist als „kinematische Hauptformel" erstmals 1936 von Blaschke und Santaló hergeleitet worden [Sa36, Bl36, Bl55].

$$J_V = \int V_{X \cap X'} \, dX' = 8\pi^2 \, VV'$$

$$J_S = \int S_{X \cap X'} \, dX' = 8\pi^2 \left(VS' + SV' \right)$$

$$J_M = \int M_{X \cap X'} \, dX' = 8\pi^2 \left(VM' + \pi^2 SS'/16 + MV' \right) \tag{3.18}$$

$$J_T = \int T_{X \cap X'} \, dX' = 8\pi^2 \left(VT' + SM' + MS' + TV' \right)$$

Für Körper X und X' ohne Löcher erster Art (d.h. also ohne „Höhlen") und ohne Löcher zweiter Art (also ohne „Tunnel") gilt prinzipiell, daß auch die Durchschnitte $X \cap X'$ keine Löcher besitzen. Also gilt dann für die einzelnen Schnittkörper stets $T=4\pi$, und es ist $J_T = 4\pi J_N$ mit J_N als Maß der Anzahl aller Schnitte. Damit können dann ähnlich wie im Fall zweidimensionaler Figuren eine Vielzahl von „schönen" oder interessanten oder sogar wichtigen Ergebnissen hergeleitet werden.

3.1.6 Sehnenlängenpotenzen und Punktdistanzen

Für konvexe Körper K im dreidimensionalen Raum sind die Sehnenlängenpotenzen durch

$$S_n = \int\limits_{G \cap K \neq \varnothing} s^n \, dG$$

definiert, wobei das Integral über „alle" Geraden G zu erstrecken ist und s die Länge der dabei aus dem Körper ausgeschnittenen Sehne bedeutet. Ähnlich wie im zweidimensionalen Fall (siehe Abschnitt 2.2.6) kann man eine Beziehung zwischen den Integralen S_n über die Sehnenlängenpotenzen und den Integralen T_k über die Potenzen von Punktabständen herleiten. Es gilt (siehe [Bl55,Sa76])

$$T_k = \iint\limits_{K \, K} t^k \, dP_1 \, dP_2 = \frac{2 \, S_{k+4}}{(k+3)\,(k+4)} \; .$$

Für die beiden ersten Sehnenlängenpotenzen erhalten wir

$$S_0 = \pi \, S/2 \quad \text{und} \quad S_1 = 2\pi V \; .$$

Die erste Formel folgt aus Gleichung (3.13). Die zweite dieser Formeln ergibt sich aus einem Spezialfall des Cavalierischen Prinzips: Wenn man für eine fest vorgegebene Raumrichtung alle den Körper K schneidenden Geraden als kleine Säulen ansieht, so liefern die in K liegenden Säulenteile (mit Säulenhöhe=Sehnenlänge) insgesamt gerade das Volumen V. Das Integral über alle Raumrichtungen ist 4π, und da nur ungerichtete Geraden betrachtet zu werden brauchen, folgt das obige

Ergebnis. Für $n=4$ erhalten wir aus der allgemeinen Formel für S_n die Beziehung

$$S_4 = 6 V^2$$

und in Analogie zur Formel (2.49) finden wir jetzt im dreidimensionalen Fall die Beziehung

$$S_6 = 30 V J_2 = 30 V \cdot (J_x + J_y + J_z)$$

mit J_2 als polarem Trägheitsmoment sowie J_x, J_y und J_z als Hauptträgheitsmomenten (Schwerpunkt des Körpers im Ursprung des Koordinatensystems). Die Sehnenlängenpotenzen lassen sich für beliebiges n nur für spezielle Körper angeben. Die einfachsten Ausdrücke ergeben sich für die Kugel [Sa76]:

$$S_n = \frac{2^{n+2}}{n+2} \pi^2 r^{n+2} \ .$$

3.1.7* Quermaße, Quermaßintegrale und Ungleichungen

Im n-dimensionalen euklidischen Raum E^n kann man jeden Punkt $P = P(x_1, x_2, \dots, x_n)$ durch einen auf den Ursprung bezogenen zugeordneten Vektor $\mathbf{x}$ mit den Komponenten $x_1, \dots, x_n$ beschreiben. Die „Addition zweier Punkte P_1 und P_2" ist dann einfach durch die Summe $\mathbf{x}_1 + \mathbf{x}_2$ erklärt. Damit erhalten wir folgende Definition für die Konvexität eines Körpers (siehe beispielsweise [Le80]):

Eine Teilmenge $K \subseteq E^n$ heißt genau dann *konvex*, wenn K alle von K konvex abhängigen Punkte enthält. Ein Punkt $\mathbf{x} \in E^n$ heißt genau dann *von K konvex abhängig*, wenn $\mathbf{x}$ folgendermaßen dargestellt werden kann:

$$\mathbf{x} = \sum_{j=0}^{n} \lambda_j \mathbf{x}_j \quad , \quad \sum_{j=0}^{n} \lambda_j = 1 \quad , \quad \lambda_j \geq 0 \quad , \quad \mathbf{x}_j \in K \ .$$

Für alle unsere Untersuchungen ist die recht anschauliche Tatsache von wesentlicher Bedeutung, daß der Durchschnitt zweier konvexer Mengen wieder eine konvexe Menge ist. Deshalb soll hier ein exakter Beweis skizziert werden.

Seien nunmehr die beiden konvexen Mengen K und K' gegeben mit dem nichtleeren Durchschnitt $D = K \cap K'$. Wenn zwei Punkte $\mathbf{p}_1$ und $\mathbf{p}_2$ zu D gehören, dann gehören sie sowohl zu K als auch zu K'. Entsprechend der obigen Definition gehören also auch alle Punkte $\mathbf{r} = \lambda\mathbf{p}_1 + (1-\lambda)\mathbf{p}_2$ des Geradensegmentes zwischen $\mathbf{p}$ und $\mathbf{q}$ sowohl zu K als auch zu K'. Jeder Punkt $\mathbf{r}$, der sowohl zu K als auch zu K' gehört, liegt aber auch im Durchschnitt $D = K \cap K'$. Da diese Überlegung für beliebige Punktepaare des Durchschnitts D richtig ist, muß D konvex sein.

Von Herrmann Minkowski wurde weiter die *Summe konvexer Körper* definiert, die enge Beziehungen zur Integralgeometrie aufweist:

Es seien K und K' zwei konvexe Teilmengen des euklidischen Raumes E^n. Dann heißt die Menge $S = K \oplus K' = \{\mathbf{y} = \mathbf{x} + \mathbf{x}', \mathbf{x} \in K, \mathbf{x}' \in K'\}$ die *Minkowski-Summe* von K und K', und für eine beliebige konvexe Menge K heißt $K_\lambda = \lambda K = \{\mathbf{y} = \lambda\mathbf{x}, \mathbf{x} \in K\}$ das *skalare Produkt* von λ und K.

Um nun den allgemeinen Begriff des Quermaß-Integrals einführen zu können, ist noch eine dritte Definition erforderlich, die das Volumen eines konvexen Körpers betrifft:

Das folgende n-dimensionale Integral einer im euklidischen Raum E^n konvexen Menge K heißt das *Volumen* von K:

$$V = \int_{\mathbf{x} \in K} d\mathbf{x} = \int_{(x_1,\dots,x_n) \in K} dx_1 dx_2 \dots dx_n$$

Mit Hilfe dieser Definition kann die Parallelmenge einer konvexen Figur exakt beschrieben werden:

Es sei B_r die n-dimensionale Vollkugel vom Radius r mit dem Zentrum im Koordinatenursprung des euklidischen Raumes E^n. Dann wird für eine beliebige konvexe Menge K die Minkowski-Summe $K_r = K \oplus B_r$ als *Parallelmenge* von K *im Abstand* r bezeichnet.

Mit diesen Definitionen gilt der folgende von Steiner und Minkowski stammende Satz [St40, Sc93]:

Das Volumen der Parallelmenge K_r einer konvexen Menge K des euklidischen Raumes E^n ist eine rationale Funktion von r mit den Maßzahlen $W_m^{(n)}(K)$ als Koeffizienten:

$$V(K_r) = \sum_{m=0}^{n} \binom{n}{m} \cdot W_m^{(n)}(K) \cdot r^m \quad . \tag{3.19}$$

Die Maßzahlen $W_m^{(n)}$, die als *Minkowskische Quermaßintegrale* bekannt geworden sind [Na61], umfassen wichtige geometrische Charakteristika. Speziell ist stets $W_0^{(n)}(K) = V(K)$ das Volumen des n-dimensionalen konvexen Körpers K. Weiter gilt $W_1^{(n)}(K) = S(K)/n$ mit $S(K)$ als Inhalt der $(n-1)$-dimensionalen Oberfläche von K. Schließlich läßt sich zeigen, daß die Beziehungen

$$W_{n-1}^{(n)}(K) = \frac{\omega_n}{2} \cdot \overline{B}(K) \quad , \quad W_n^{(n)}(K) = \omega_n$$

$$\omega_n = \frac{\pi^{n/2}}{\Gamma(1+n/2)} \tag{3.20}$$

gelten mit $\overline{B}$ als mittlerer Breite des Körpers K und mit ω_n als Volumen der n-dimensionalen Einheitskugel (die hier auftretende Gamma-Funktion $\Gamma(x)$ besitzt die Eigenschaften $\Gamma(1/2) = \sqrt{\pi}$ und $\Gamma(x+1) = x \cdot \Gamma(x)$, siehe Formel (2.48)).

Also erhalten wir für die uns besonders interessierenden Fälle der 1-dimensionalen Segmente, der 2-dimensionalen konvexen Figuren und der 3-dimensionalen konvexen Körper

$$\begin{aligned}
L_r &= L + 2r & \text{für } n &= 1 \\
F_r &= F + rU + \pi r^2 & \text{für } n &= 2 \\
V_r &= V + rS + r^2 M + 4\pi r^3/3 & \text{für } n &= 3
\end{aligned} \tag{3.21}$$

Zwischen den Quermaß-Integralen bestehen zahlreiche Ungleichungen (siehe zum Beispiel [Na61]), die sich im allgemeinen n-dimensionalen Fall in der Form

$$\left(W_k^{(n)}\right)^{l-m}\left(W_l^{(n)}\right)^{m-k}\left(W_m^{(n)}\right)^{k-l} \geq 1$$

$$\text{für} \quad 0 \leq k \leq l \leq m \leq n \tag{3.22}$$

schreiben lassen. Das Gleichheitszeichen gilt für die n-dimensionalen Kugeln.

Weiter sind in (3.22) mit $(k,l,m)= (0,1,n)$ die allgemeine isoperimetrische Ungleichung für n-dimensionale Körper sowie mit $(k,l,m)=(0,1,2)$ die klassische 2-dimensionale isoperimetrische Ungleichung mit S als Inhalt der $(n-1)$-dimensionalen Oberfläche und V als Volumen des n-dimensionalen Körpers enthalten:

$$S^n - n^n \omega_n V^{n-1} \geq 0 \quad \text{bzw.} \quad U^2 - 4\pi F \geq 0 \tag{3.23}$$

Für den 3-dimensionalen Fall ergeben sich die Minkowskischen Ungleichungen der Tabelle 3.2 (siehe etwa [Bl55], die Ungleichung $M^2 \geq 4\pi S$ stammt von Minkowski [Mi97]).

Die integralgeometrische Anzahl $Z_k^{(n)}(K)$ der k-dimensionalen Hyperebenen H_k, die einen beliebigen n-dimensionalen konvexen Körper K schneiden, ist durch die folgende Formel gegeben (wieder mit ω_n als Volumen der n-dimensionalen Einheitskugel):

$$Z_k^{(n)}(K) = \int_{K \cap H_k} dH_k = \binom{n}{k} \frac{\omega_{n-1} \cdots \omega_{n-k}}{\omega_1 \cdots \omega_k} \cdot W_k^{(n)}(K) \tag{3.24}$$

In dieser Gleichung sind alle speziellen Fälle enthalten: Wir finden sofort $Z_1^{(2)} = 2W_1^{(2)} = U$ für die Anzahl der Geradenschnitte mit einer konvexen Figur (siehe Formel (1.9)), $Z_1^{(3)} = 3\pi W_1^{(3)}/2 = \pi S /2$ für die Anzahl der Geradenschnitte mit einem konvexen Körper (siehe Formel (3.13)) und schließlich auch $Z_2^{(3)} = 3W_2^{(3)} = M$ für die Anzahl der Ebenenschnitte mit einem konvexen Körper (Formel (3.10)).

Tabelle 3.2 - Ungleichungen zwischen den Quermaß-Integralen

k	l	m	
0	1	2	$S^2 \geq 3MV$
0	1	3	$S^3 \geq 36\pi V^2$
0	2	3	$M^3 \geq 48\pi^2 V$
1	2	3	$M^2 \geq 4\pi S$

Zum Schluß sei noch die allgemeine kinematische Hauptformel für (konvexe) Körper angegeben, die die Anzahl $Z_n(K,K')$ der Schnitte zwischen einem festgehaltenen Körper K und einem frei beweglichen Körper K' im n-dimensionalen Fall festlegt [Bl36,Wu38]:

$$Z_n(K,K') = \frac{2}{n!\,\omega_1 \ldots \omega_n} \int\limits_{K \cap K' \neq \varnothing} dK' =$$

$$= \frac{1}{\omega_n} \sum_{m=0}^{n} \binom{n}{m} W_m^{(n)}(K) \cdot W_{n-m}^{(n)}(K') \tag{3.25}$$

Von Kubota stammt eine Rekursionsformel [Ku25, Na61], die das integralgeometrische Maß $W_k^{(n)}(K)$ angibt für die Anzahl der Projektionen eines n-dimensionalen konvexen Körpers K auf eine k-dimensionale Hyperebene (mit $0<k<n$). Die folgenden Integrale werden dabei über alle Richtungen $\mathbf{n}$ erstreckt ($\mathbf{n}$ ist ein n-dimensionaler Einheitsvektor), und P ist die Projektion von K auf die zu $\mathbf{n}$ senkrecht stehende k-dimensionale Hyperebene:

$$W_k^{(n)}(K) = \frac{1}{n \cdot \omega_{n-1}} \int W_{k-1}^{(n-1)}(P)\, d\mathbf{n} \quad .$$

Speziell gilt

$$W_1^{(3)} = \frac{1}{3\,\omega_2} \int W_0^{(2)}(P)\, d\mathbf{n} = \frac{4\pi\overline{F}}{3\,\omega_2} = \frac{S}{3}$$

und

$$W_2^{(3)} = \frac{1}{3\omega_2} \int W_1^{(2)}(P)\,d\mathbf{n} = \frac{2\pi\overline{U}}{3\omega_2} = \frac{M}{3}$$

woraus die mittlere Schattenfläche $\overline{F} = S/4$ und der mittlere Schatten-umfang $\overline{U} = M/2$ für einen konvexen dreidimensionalen Körper folgen.

3.2 Stereologische Anwendungen

3.2.1 Zylinderschnitte

Zuerst untersuchen wir hier den praktisch wichtigen Fall der Zylinder-schnitte. Für einen Kreiszylinder mit Radius r und Höhe h findet man die Charakteristika (siehe dazu Tabelle 3.1)

$$\begin{array}{ll} V_Z = \pi r^2 h & S_Z = 2\pi r(r+h) \\ M_Z = \pi(\pi r + h) & T_Z = 4\pi \end{array} \qquad (3.26)$$

Dieser frei bewegliche Zylinder soll einen konvexen Körper K schnei-den, der durch die Maßzahlen (V_K, S_K, M_K, T_K) charakterisiert ist. Nach den Formeln (3.18) ergeben sich dann die Integrale

$$J_V = \int V_{K\cap Z}\,dZ = 8\pi^2\left(\pi r^2 h V_K\right)$$

$$J_S = \int S_{K\cap Z}\,dZ = 8\pi^2\left(2\pi r(r+h)V_K + \pi r^2 h S_K\right)$$

$$J_M = \int M_{K\cap Z}\,dZ = \qquad\qquad\qquad (3.27)$$
$$= 8\pi^2\left(\pi(\pi r + h)V_K + 2\pi^3 r(r+h)S_K/16 + \pi r^2 h M_K\right)$$

$$J_T = \int T_{K\cap Z}\,dZ =$$
$$= 8\pi^2\left(4\pi V_K + \pi(\pi r + h)S_K + 2\pi r(r+h)M_K + \pi r^2 h T_K\right)$$

Da der geschnittene Körper konvex sein soll, sind auch die entstehenden Schnittkörper konvex und es gilt stets $T = 4\pi$ für die Totalkrümmung. Daher ist $J_T/4\pi$ die integralgeometrische Anzahl aller Schnittkörper, und wir finden für das mittlere Volumen der Schnittkörper den Ausdruck $J_V/(J_T/4\pi)$, für die mittlere Oberflächengröße $J_S/(J_T/4\pi)$ und für den Mittelwert der mittleren Krümmung $J_M/(J_T/4\pi)$, also die Formeln

$$\overline{V} = \frac{\pi r^2 h V_K}{V_K + (\pi r + h)S_K/4 + r(r+h)M_K/2 + \pi r^2 h}$$

$$\overline{S} = \frac{2\pi r(r+h)V_K + \pi r^2 h S_K}{V_K + (\pi r + h)S_K/4 + r(r+h)M_K/2 + \pi r^2 h} \tag{3.28}$$

$$\overline{M} = \frac{\pi(\pi r + h)V_K + 2\pi^3 r(r+h)S_K/16 + \pi r^2 h M_K}{V_K + (\pi r + h)S_K/4 + r(r+h)M_K/2 + \pi r^2 h}$$

Diese Formeln sind relativ unübersichtlich, glücklicherweise aber für eine praktische Anwendung auch nicht erforderlich. Wir nehmen an, daß die Höhe h des schneidenden Zylinders gegen Null geht, so daß wir gewissermaßen nur Ebenenschnitte zu untersuchen haben. Dann werden auch die Schnittkörper eine verschwindende Höhe aufweisen, so daß logischerweise aus (3.28) das Ergebnis $\overline{V} \to 0$ folgt. Für die Mittelwerte $\overline{S}$ und $\overline{M}$ erhalten wir

$$\overline{S} = \frac{2\pi r^2 V_K}{V_K + \pi r S_K/4 + r^2 M_K/2}$$

$$\overline{M} = \frac{\pi^2 r V_K + \pi^3 r^2 S_K/8}{V_K + \pi r S_K/4 + r^2 M_K/2} \ . \tag{3.29}$$

Schließlich lassen wir noch den Radius des schneidenden Zylinders über alle Maßen wachsen, so daß „Randeffekte" nicht berücksichtigt zu werden brauchen. Dann ergibt sich

$$\lim_{r\to\infty} \overline{S} = \frac{4\pi V_K}{M_K} \quad , \quad \lim_{r\to\infty} \overline{M} = \frac{\pi^3 S_K}{4 M_K} \; . \qquad (3.30)$$

Die entstandenen Schnittobjekte sind ebene konvexe Scheiben mit verschwindender Dicke, so daß deren mittlere Oberfläche $\overline{S}$ der doppelten mittleren Scheibenfläche $\overline{F}$ entspricht. Das mittlere Krümmungsintegral $\overline{M}$ der Scheibe können wir wegen der Formel (3.7) und verschwindenden Innenkantenwinkel mit dem mittleren Umfang $\overline{U}$ der Scheibe in Beziehung setzen. Es ist also $\overline{F} = \overline{S}/2$ und $\overline{U} = 2\overline{M}/\pi$, so daß endlich das praktisch verwertbare Ergebnis

$$\overline{F} = \frac{2\pi V_K}{M_K} \quad , \quad \overline{U} = \frac{\pi^2 S_K}{2 M_K} \qquad (3.31)$$

vorliegt. Diese beiden Gleichungen gelten auch für Populationen konvexer Körper, wenn V_K, S_K und M_K die Mittelwerte von Volumen, Oberfläche und Krümmungsintegral für diese Körper bedeuten.

Jede Ebene, die einen konvexen Körper K trifft, liefert eine konvexe Schnittfigur. Die Fläche $F(\omega,p)$ dieser Schnittfigur hängt ab von der Normalenrichtung ω der Ebene und vom Abstand p dieser Ebene zum (im Inneren von K gelegenen) Koordinatenursprung. Ein Maß für die „Summe" aller dieser Flächen ist dann das Integral

$$F_E = \int d\omega \left[\int_0^{p(\omega)} F(\omega,p)\, dp \right] = $$

$$(3.32)$$

$$= \frac{1}{2} \int \left[\int_0^{p(\omega)} F(\omega,p)\, dp \right] d\omega = \frac{1}{2} \int V d\omega = 2\pi V \; .$$

Wir haben hier die innere Integration für die jeweils entgegengesetzten Raumrichtungen ω und ω^* zusammengefaßt, so daß nach dem Satz des Cavalieri die „Summe" über alle Scheibenvolumen $F(\omega,p)\, dp$ gerade das gesamte Volumen V des Körpers liefert. Da aber die „Anzahl" aller Schnittscheiben nach (3.10) durch

$$M = \int d\omega \left[\int_0^{p(\omega)} dp \right] = \int p(\omega)\, d\omega$$

gegeben ist, folgt als mittlere Fläche aller Schnitte (oder auch als mittlere Fläche eines zufälligen Schnittes) zwischen dem festgehaltenem konvexen Körper K und der frei beweglichen Ebene das schon in (3.31) dargestellte Ergebnis $\overline{F} = 2\pi V/M$.

3.2.2 Ungleichungen und Formfaktoren für Körper

Für die vier Charakteristika V,S,M,T dreidimensionaler Körper existieren entsprechend Tabelle 3.2 vier Ungleichungen, die wir in der Form

$$c = \frac{S^2}{3MV} \geq 1 \quad , \quad d = \frac{S^3}{36\pi V^2} \geq 1$$

$$e = \frac{M^3}{48\pi^2 V} \geq 1 \quad , \quad f = \frac{M^2}{4\pi S} \geq 1 \tag{3.33}$$

darstellen können. Daraus kann man weitere Ungleichungen ableiten, beispielsweise die Ungleichung $c{\cdot}f = MS/12\pi V \geq 1$.

Es gibt unter allen diesen Ausdrücken aber nur zwei unabhängige Beziehungen, die entsprechend [Le80] folgendermaßen festgelegt sind (f und $g = c{\cdot}f$ werden auch hier als *Formfaktoren* bezeichnet):

$$f = \frac{M^2}{4\pi S} \geq 1 \quad , \quad g = \frac{MS}{12\pi V} \geq 1 \quad .$$
$$\tag{3.34}$$

Für eine Kugel besitzen alle Formfaktoren (3.33) und (3.34) den Wert 1. Für Kreiszylinder mit einem variablen Verhältnis v (Verhältnis Höhe zu Radius) erhält man die Werte (f,g) der Kurve in Abbildung 3.4 (die Zahlenwerte von v sind bei den einzelnen Punkten der Kurve angegeben).

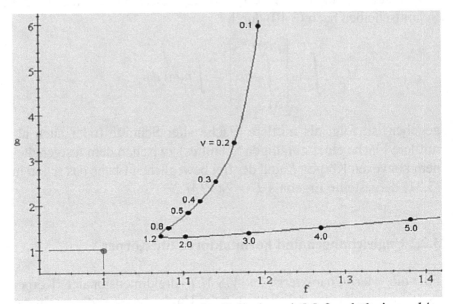

Abb. 3.4 - Formfaktoren (f,g) für Zylinder mit Maßverhältnis $v = h/r$ im Vergleich zur Kugel mit $(f,g)=(1,1)$

3.2.3 Stereologie

Die Stereologie beschäftigt sich mit der quantitativen Beschreibung dreidimensionaler mikroskopischer Strukturen, wobei die notwendige Information aus zweidimensionalen histologischen Schnitten (in Biologie und Medizin) bzw. aus zweidimensionalen Anschliffen (in Petrographie und Materialforschung) gewonnen wird. Daß dabei Interpretationsschwierigkeiten auftreten, sieht man bereits am einfachen Beispiel von Kugeln: selbst wenn alle Kugeln gleiche Größe besitzen, ergeben sich unterschiedlich große Schnittkreise. Umso schwieriger wird es, wenn zylindrische, elliptische oder gar unregelmäßig geformte Körper untersucht werden sollen.

In den vorangegangenen Abschnitten wurden integralgeometrische Formeln bereitgestellt, um zumindest mathematisch eine dreidimensionale Interpretation zweidimensionaler Beobachtungen zu ermöglichen. Aber alle angegebenen Formeln müssen in der Praxis auf ihre Robustheit untersucht werden. Dieses Problem entsteht, da die notwendigen

Informationen (Mittelwerte, Anteile, Verteilungen,...) nicht per Definition vorgegeben sondern per Messung erhalten werden. Damit sind alle Ausgangsinformationen fehlerbehaftet.

Manchmal kann man die Fehler der Schlußfolgerungen mittels einer mathematischen Untersuchung der Fehlerfortpflanzung abschätzen. Aber oft ist es so, daß die mathematisch exakten Methoden bei ihrer numerischen Umsetzung einfach versagen, weil die in der Praxis auftretenden Bedingungen zu vielfältig (oder auch unkontrollierbar) sind, als daß sie in ein theoretisches Schema gepreßt werden könnten. Man muß dann neue Verfahren ausarbeiten – beispielsweise von Verteilungsdichten zu Verteilungen übergehen (siehe Kapitel 3.4).

Die Stereologie befaßt sich mit den Gesetzmäßigkeiten und Methoden, mit deren Hilfe man aus zweidimensionalen Beobachtungen auf die zugrunde liegende dreidimensionale Struktur schließen kann. Typische Beispiele sind folgende:

- In einem dunklen Material sind helle (konvexe) Körper zufällig eingeschlossen (Poren). Man stellt einen Schliff her und beobachtet helle (konvexe) Figuren auf dunklem Untergrund.
- In einem durchsichtigem Material sind undurchsichtige (konvexe) Körper zufällig verteilt. Man stellt einen Schnitt her (d.h. erzeugt eine ebene Platte bestimmter Dicke) und beobachtet die zum Schnitt senkrechten Projektionen der im Schnitt enthaltenen vollständigen oder angeschnittenen Körper.

Aus den beiden Formeln (3.31) kann man keine Schlußfolgerungen ziehen über das mittlere Volumen V_K oder die mittlere Oberfläche S_K der geschnittenen Körper, da auch M_K unbekannt ist. Aber für das Verhältnis der Volumina oder Oberflächen zweier unterschiedlicher Objektpopulationen (von denen eine das untersuchte Materialstück selber sein kann), lassen sich allgemeingültige Formeln angeben:

$$
\begin{aligned}
V_V &= A_A = L_L = P_P \\
S_V &= 4L_A/\pi = 2P_L \\
L_V &= 2P_A
\end{aligned}
\tag{3.35}
$$

In Worten bedeuten diese Beziehungen folgendes:

– Das Verhältnis $V_V = V_1/V_2$ der Gesamtvolumina zweier Objektpopulationen O_1 und O_2 (oder des Gesamtvolumens einer Objektpopulation O_1 zum Volumen eines Präparates O_2 – etwa das Volumen der Leberzellkerne je Kubikzentimeter Leberpräparat) ist gleich dem Verhältnis $A_A = A_1/A_2$ der Gesamtschnittflächen dieser Objektpopulationen mit einer Ebene oder gleich dem Verhältnis $L_L = L_1/L_2$ der Gesamtschnittlängen dieser Objekte mit einer Geraden oder gleich dem Verhältnis $P_P = P_1/P_2$ der Gesamtanzahl der Treffer zwischen den Objekten beider Population mit (zufällig oder gitterförmig ausgewählten) Punkten. Die Formel $V_V = A_A$ wurde bereits 1847 von Delesse angegeben [De47].

– Das Verhältnis $S_V = S_1/V_2$ der Gesamtoberfläche S_1 einer Objektpopulation O_1 zum Gesamtvolumen V_2 eines Präparates O_2 (beispielsweise Gesamtfläche der Lungenbläschen je Kubikzentimeter Lungenvolumen) ist bis auf den Faktor $4/\pi$ gleich dem Verhältnis $L_A = L_1/A_2$ zwischen der Gesamtschnittlänge L_1 der Oberflächen der Objekte mit einer Ebene und der Fläche A_2 des Präparates. Das Verhältnis S_V kann auch durch $P_L = P_1/L_2$ bestimmt werden, wobei P_1 die Gesamtanzahl der Trefferpunkte einer sehr langen Strecke der Länge L_2 mit der Oberfläche der Objekte ist. Die Formel $S_V = 4L_A/\pi$ wurde erstmals 1945 von Tomkeieff angegeben [To45].

– Schließlich ist das Verhältnis $L_V = L_1/V_2$ der Gesamtlänge einer Objektpopulation zum Gesamtvolumen V_2 eines Präparates (beispielsweise Gesamtlänge der Blutkapillaren je Kubikzentimeter Muskelvolumen) durch $P_A = P_1/A_2$ bestimmt, wobei P_1 die Gesamtanzahl der Schnittpunkte der Blutkapillaren mit einem Ebenenstück der Größe A_2 bedeutet.

Um diese Aussagen noch deutlicher zu machen, betrachten wir das folgende Modell: Ein Gesteinsstück wird als Menge X bezeichnet. Es enthält ein bestimmtes Mineral (z.B. Quarz), das durch die Menge Y charakterisiert sei. Durch $V(X)$ und $V(Y)$ werden die entsprechenden Volumina beschrieben. Dann ist der Volumenanteil

$$V_V = \frac{V(Y)}{V(X)} \quad .$$

Nun sei E eine im Raum gelegene Ebene. Wenn diese Ebene das Gesteinsstück schneidet, so wird man im Anschnitt die Gesamtfläche $A(X \cap E)$ und die Fläche $A(Y \cap E)$ der Quarzeinschlüsse beobachten können. Delesse hat anhand der Formel

$$A_A = \frac{A(Y \cap E)}{A(X \cap E)}$$

das Volumenverhältnis V_V näherungsweise durch das Flächenverhältnis A_A bestimmt. Exakt gilt aber die Formel

$$V_V = \mathrm{E}\left(A_A\right) \quad , \tag{3.36}$$

wobei der Erwartungswert $\mathrm{E}(A_A)$ über alle im Raum gleichverteilten Schnittebenen genommen werden muß.

Für die Praxis ist es nicht ausreichend, etwa eine einzige Ebene durch den Raum oder eine einzige Gerade durch das Bild zu legen und damit das Volumenverhältnis V_V oder das Verhältnis $S_V = P_L/2 = P_1/2L_2$ zu ermitteln. Diese Vorgehensweise ist nur dann einigermaßen zuverlässig, wenn das Bild und die Streckenlänge L_2 sehr groß wären und die zu untersuchenden linienförmigen Objekte völlig zufällig verteilt im Raum lägen: im rechten Teil der Abbildung 2.6 könnte man mit einer horizontal gelegenen Geraden kaum eine repräsentative Stichprobe erheben. Und im rechten Teil der Abbildung 2.8 würde eine einzige vertikale Gerade kaum ausreichend sein, um das Verhältnis P_1/L_2 zuverlässig abschätzen zu können.

Hier kommt nun die stochastische Geometrie ins Spiel. Statt eine statistisch ausgewogene Verteilung der Lagen und Orientierungen der zu untersuchenden Objekte vorauszusetzen, werden die Testobjekte (hier zum Beispiel die Geraden) in statistisch gleichverteilter Weise über das Bild gelegt. Dabei kann man die Lagen der Geraden – angegeben durch den Abstandsparameter p und den Winkel φ – mittels Zufallszahlengenerator gleichverteilt auswählen (stochastische Geometrie, [Ke63, Sa76, St83]), oder man verwendet für p und φ ein Gitter. In diesem zweiten Fall werden die Geraden in äquidistanten Abständen zum Nullpunkt gewählt und die Orientierungen in äquidistanten Winkelintervallen.

3.3 Dicke Schnitte und Projektionen

3.3.1 Grundformeln

Die in der Stereologie verwendeten Formeln, die für eine Schnittdicke von $d = 0$ exakt gültig sind, haben den Nachteil, daß sie keine Aussagen über die mittlere Größe der geschnittenen Körper oder über ihre Anzahl gestatten, obwohl die Beobachtungsdaten als Mittelwerte und Anzahlen vorliegen. Wenn ϱ die numerische räumliche Dichte der Körper im Raum ist, $\overline{S}$ ihre mittlere Oberfläche und $\overline{V}$ ihr mittleres Volumen bedeuten, so folgt z.B. nur

$$V_V = A_A = \varrho \overline{V} \quad , \quad S_V = \frac{4}{\pi} L_A = \varrho \overline{S} \ .$$

Es gibt keine Gleichungen dieser Art, in denen die Werte ϱ bzw. $\overline{V}$ oder $\overline{S}$ gesondert auftreten. Auch die exakt gültigen Formeln für dicke Schnitte unterschiedlich große Körper (siehe etwa (3.41)) – wobei entweder die Schnittebenen und/oder die Körper der Menge X im Raum gleichverteilt oder poissonverteilt [Mi76] sind – lassen nur die Bestimmung der Produkte $\varrho \overline{V}$, $\varrho \overline{S}$ und $\varrho \overline{M}$ zu.

Die einzige Möglichkeit, Aussagen über die mittlere Größe der Objekte zu gewinnen, besteht darin, die Größenverteilung der geschnittenen Körper aus der Größenverteilung der Anschnitte zu ermitteln (Wicksellsche Methode). Dieses Verfahren erfordert jedoch ein Modell, in dem alle Körper die gleiche Form besitzen (siehe beispielsweise [Ba64, Ba67]).

Auch die beiden Formeln (3.31) liefern keine Lösung, da für eine Population unterschiedlicher Körper mit dem mittleren Volumen $\overline{V}$, der mittleren Oberflächengröße $\overline{S}$, dem Mittelwert $\overline{M}$ des Krümmungsintegrals und der räumlichen Dichte ϱ lediglich wieder nur die Formeln

$$\overline{F}_0 = \frac{2\pi\overline{V}}{\overline{M}} = 2\pi\,\frac{\varrho\,\overline{V}}{\varrho\,\overline{M}}$$

$$\overline{U}_0 = \frac{\pi^2\,\overline{S}}{2\overline{M}} = \frac{\pi^2}{2}\,\frac{\varrho\,\overline{S}}{\varrho\,\overline{M}}$$

(3.37)

folgen. Hier bedeuten die unteren Indizes in F_0 und U_0, daß wir mit Schliffen bzw. Anschliffen, d.h. mit Schnitten der Dicke $d=0$ gearbeitet haben.

Aber vielleicht gibt es eine Lösung des Problems, wenn wir auf das Schneiden der Körper mit Ebenen verzichten und statt dessen den Schattenwurf der Körper untersuchen. Dazu betrachten wir die Querschnitte aller geraden Zylinder, die um den jeweiligen konvexen Körper K gelegt werden können (Abbildung 3.5).

Die Fläche des Schattens (d.h. die integralgeometrische Anzahl aller Punkte der Schattenfläche) ist gleich der integralgeometrischen Anzahl aller Geraden, die – aus der Normalenrichtung der Projektionsfläche kommend – den Körper treffen.

Nach Formel (3.13) ist die Anzahl aller Geraden (egal aus welcher Richtung kommend) durch den einfachen Ausdruck πS gegeben. Die mittlere Schattenfläche F_∞ erhalten wir also, indem wir πS durch die „Anzahl aller Richtungen" teilen, d.h. durch 4π. Es ergibt sich daher $F_\infty = S/4$ (für eine Kugel vom Radius r also πr^2).

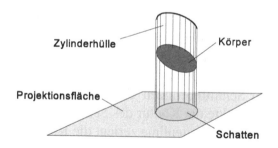

Abb. 3.5 - Orthogonale Projektion eines konvexen Körpers auf eine Ebene

Andererseits ist nach (3.10) die Anzahl aller den Körper treffenden Ebenen durch das Krümmungsintegral M bestimmt, und die mittlere

Breite des Körpers nach (3.9) durch den Ausdruck $\overline{B} = M/2\pi$. Da es nun gleichgültig ist, ob wir die mittlere Breite des Körpers durch alle möglichen Paare paralleler Ebenen bestimmen oder aber die mittlere Breite aller Schatten auf den jeweiligen Projektionsflächen (siehe Abbildung 3.5), so finden wir $\overline{B} = M/2\pi = \overline{U}_\infty/\pi$ mit $\overline{U}_\infty$ als mittleren Umfang aller Schattenflächen. Es ergeben sich also die beiden Formeln

$$\overline{F}_\infty = \frac{S}{4} \quad , \quad \overline{U}_\infty = \frac{M}{2} \quad . \tag{3.38}$$

3.3.2 Dicke Schnitte

Bei Schnitten endlicher Dicke $0 < d < \infty$ gehen wir davon aus, daß als Schnittfiguren die senkrecht zur Schnittfläche projizierten „Schatten" der im Schnitt enthaltenen Teile des konvexen Körpers beobachtet werden. Diese Schatten sind ebenfalls konvex. Es soll ihre mittlere Fläche und ihr mittlerer Umfang bestimmt werden [Vo80].

Die integralgeometrische Anzahl N_d aller Schnitte eines konvexen Körpers K mit einer unendlich ausgedehnten Platte der Dicke d ist

$$N_d = M + 2\pi d \quad , \tag{3.39}$$

da zu den M Schnitten zwischen K und der Mittelebene der Platte auch noch die jeweils $d/2$ Schnitte mit dem „unteren" Teil der Platte bzw. mit dem oberen Teil der Platte hinzukommen. Da das für jede der 4π Normalenrichtungen der Platte gilt, folgt also – wie man auch schon aus den allgemeinen Ausdrücken (3.17) entnehmen könnte – die Formel (3.39).

Für jede Richtung der Schnittnormalen gibt es auf dem Körper eine „Schattenlinie", deren Punkte die Kontur des Schattens in der Projektionsebene bestimmen. Die Schattenlinie zerlegt die Körperoberfläche in einen „beleuchteten" und einen „unbeleuchteten" Teil (bei einer Kugel wäre die Schattenlinie der Äquator). Falls die Schattenlinie zu einem Schattengebiet entartet (z.B. wäre das bei einem Zylinder möglich), wählen wir die obere Begrenzungslinie dieses Schattengebietes als Schattenlinie (siehe dazu auch Abschnitt 1.3.5).

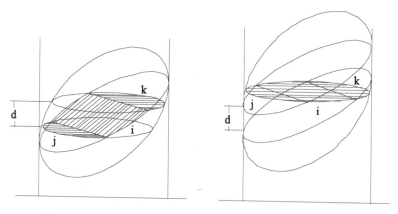

Abb. 3.6 - Dicke Schnitte eines konvexen Körpers

Wenn der aus dem konvexen Körper K ausgeschnittene Plattenteil der Dicke d vollständig oberhalb oder unterhalb der Schattenlinie liegt, so ist der Schatten auf der Projektionsebene entweder durch die untere oder durch die obere Deckfläche des Plattenteiles bestimmt (linkes Beispiel in der Abbildung 1.12). Wir könnten dann das Schneiden mit der dicken Platte durch das Schneiden mit einer Ebene ersetzen.

Falls die Platte jedoch die Schattenlinie schneidet, ergeben sich kompliziertere Situationen. Die entstehenden Schnittfiguren resultieren dann aus der Projektion einer Linie, die je nach Lage der schneidenden Platte folgendermaßen zusammengesetzt sein kann (der zweite Fall entspricht der Situation in Abbildung 3.6):

- untere Schnittlinie L_j und Schattenlinie
- L_i untere Schnittlinie L_j, Schattenlinie L_i und obere Schnittlinie L_k
- Schattenlinie L_i und obere Schnittlinie L_k

Auch in diesen Fällen kann die in der Projektionsebene liegende zweidimensionale Schattenfigur durch das Schneiden mit einer Ebene erhalten werden. Allerdings müssen wir zu diesem Zweck einen (konvexen) Ersatzkörper K_d konstruieren: Der Originalkörper K wird längs der Schattenlinie zerlegt und in Richtung der Schnittnormalen um die

Strecke d auseinandergezogen. Da für beide Körper K und K_d die Linienstücke L_j, L_i und L_k übereinstimmen (und damit auch die den Linienteilen entsprechenden schattenwerfenden Flächenteile), werden die Schatten des Originalkörpers K und des Ersatzkörpers K_d einander gleich sein.

Im Vergleich zu K müssen beim Schneiden von K_d durch eine Ebene für jede Richtung ω der Ebenennormalen noch zusätzliche Beiträge in den Integralen über die Schattenflächen und Schattenumfänge berücksichtigt werden. Bei den Flächen hat dieser Beitrag den Wert $d \cdot F_\infty$ und bei den Umfängen den Wert $d \cdot U_\infty$. Hier bedeuten F_∞ und U_∞ die Fläche und den Umfang des Schattens beim Schneiden mit einer unendlich dicken Platte, d.h. Fläche und Umfang des Schattens des ungeschnittenen Körpers (siehe Formel (3.38)).

Im Fall des Schneidens zwischen dem Originalkörper K und einer Ebene stimmt die Schnittfigur mit der Schattenfigur überein, so daß das Integral über alle Schattenflächen nach (3.37) durch $\overline{F_0} \cdot M = 2\pi V$ gegeben ist. Für die Umfänge der Schatten erhalten wir $\overline{U_0} \cdot M = \pi^2 S/2$. Integriert man nun über alle Raumrichtungen ω, so folgt

$$
\begin{aligned}
F_{\text{ges}} &= \int \Big(F_0(\omega) + d \cdot F_\infty(\omega) \Big)\, d\omega = 2\pi V + \frac{\pi \cdot d \cdot S}{2} \\
U_{\text{ges}} &= \int \Big(U_0(\omega) + d \cdot U_\infty(\omega) \Big)\, d\omega = \frac{\pi^2 \cdot S}{2} + \pi \cdot d \cdot M
\end{aligned}
\tag{3.40}
$$

Da nun der Ersatzkörper K_d durch insgesamt $M + 2\pi \cdot d/2$ Ebenen getroffen wird, erhalten wir für die mittlere Fläche und den mittleren Umfang des mit einer Platte der Dicke d geschnittenen konvexen Körpers K die Ausdrücke

$$
\overline{F}_d = \frac{4\pi V + \pi S \cdot d}{2M + 4\pi \cdot d} \quad , \quad \overline{U}_d = \frac{\pi^2 S + 2\pi M \cdot d}{2M + 4\pi \cdot d} \quad .
\tag{3.41}
$$

Obwohl diese Formeln nur für einen einzigen konvexen Körper abgeleitet wurden, gelten sie auch für einen beliebigen lochfreien (nicht notwendigerweise zusammenhängenden) Körper, also auch für eine Population lochfreier Einzelkörper. In diesem Fall müssen dann die Größen V, S, M durch die Mittelwerte $\overline{V}, \overline{S}, \overline{M}$ ersetzt werden.

Die Anzahl der (geschnittenen oder ungeschnittenen) Körper in einem Volumen $A \cdot d$ ist $A \cdot d \cdot \varrho$ mit ϱ als räumlicher Dichte der Körper und A als Grundfläche der schneidenden Platte der Dicke d. Da die Körper ausgedehnt sind, muß noch ein Zusatzterm $2 \cdot \overline{B}/2$ berücksichtigt werden ($\overline{B} = \overline{M}/2\pi$ ist die mittlere Breite der geschnittenen Körper). Also erhalten wir insgesamt $N = \varrho \cdot A \cdot (d + \overline{M}/2\pi)$ als Anzahl der von der Platte getroffenen Körper. Nehmen wir nun an, daß die Körper so sparsam im Raum verteilt sind, daß sich die Schatten nicht überlappen, dann entspricht N auch gleichzeitig der integralgeometrischen Anzahl aller Schatten. Die Flächendichte $\sigma_d = N/A$ der Schatten ist daher

$$\sigma_d = \varrho \, \frac{2\overline{M} + 4\pi d}{4\pi} = \varrho \, (d + \overline{M}/2\pi) \; . \qquad (3.42)$$

Diese drei flächenbezogenen Ausdrücke (3.41) und (3.42) verknüpfen die durch Messung zu gewinnenden Grunddaten $\overline{F}_d$, $\overline{U}_a$ und σ_d mit den vier Unbekannten $\overline{V}, \overline{S}, \overline{M}$ und ϱ.

Mit Hilfe der drei Formeln (3.41) und (3.42) kann man die vier Unbekannten nicht bestimmen. Bei zwei verschiedenen Schnittdicken d_1 und d_2 dagegen stimmt dagegen die Anzahl der sechs Meßwerte $\overline{F}_{d_1}, \overline{F}_{d_2}, \overline{U}_{d_1}, \overline{U}_{d_2}, \sigma_1, \sigma_2$ mit der Anzahl der zu bestimmenden Größen $\overline{V}, \overline{S}, \overline{M}, \varrho, d_1, d_2$ überein.

Wegen der Bedeutung der Formel (3.41) soll noch eine andere Herleitung angegeben werden, die schon im zweidimensionalen Fall (Abschnitt 1.3.5) diskutiert wurde. Auch jetzt ersetzen wir die orthogonale Projektion des dicken Schnittkörpers durch die Projektion desjenigen scheibenförmigen Schnittkörpers, der beim Treffen einer Ebene mit dem (um den Betrag $d/2$ in der Raumrichtung ω und in der entgegengesetzten Raumrichtung ω^* gestreckten) Körper entsteht. Die auf ω bezogenen neuen Quermaße sind

$$\begin{aligned}
\text{Volumen:} \quad & V_\omega = V + F_\omega \cdot d \\
\text{Oberfläche:} \quad & S_\omega = S + U_\omega \cdot d \\
\text{Krümmung:} \quad & M_\omega = M + 2\pi \cdot d
\end{aligned}$$

mit F_ω und U_ω als Fläche bzw. Umfang des Schattens des Körpers bezüglich der Raumrichtung ω. Integrieren wir nun über alle Raumrichtungen und beachten $\int d\omega = 4\pi$, so erhalten wir

$$V_d = 4\pi V + 4\pi d\overline{F} = 4\pi V + 4\pi d \cdot (S/4)$$
$$S_d = 4\pi S + 4\pi d\overline{U} = 4\pi S + 4\pi d \cdot (2M/\pi)$$
$$M_d = 4\pi M + 4\pi d \cdot 2\pi$$

Wegen $\overline{F_0} = 2\pi V/M$ und $\overline{U_0} = \pi^2 S/2M$ ergeben sich dann die Ergebnisse für die Ebenenschnitte des gestreckten Körpers als

$$\overline{F_d} = \frac{2\pi V_d}{M_d} = \frac{2\pi(4\pi V + \pi dS)}{4\pi M + 4\pi \cdot 2\pi d} = \frac{4\pi V + \pi S \cdot d}{2M + 4\pi \cdot d}$$

$$\overline{U_d} = \frac{\pi^2 S_d}{2M_d} = \frac{\pi^2(4\pi S + 4\pi d \cdot 2M/\pi)}{2(4\pi M + 4\pi \cdot 2\pi d)} = \frac{\pi^2 S + 2\pi M}{2M + 4\pi \cdot}$$

also die gleichen Resultate wie bereits in (3.41) angegeben.

3.3.3 Experimentelle Ermittlung der Teilchendichte

Die Bestimmung der Teilchendichte ϱ aus zwei Schnitten liegt als mathematische Aufgabe nahe. So lieferte Miles bereits 1976 entsprechende Gleichungen auf der Basis der stochastischen Geometrie [Mi76]. Unglücklicherweise ist das von ihm erhaltene Gleichungssystem numerisch genauso instabil wie die von Giger [Gi67] angegebene Lösung oder die Gleichungen aus Aufgabe 3.5. Deshalb soll hier nun eine Lösung vorgestellt werden, die aus den Meß- bzw. den Zählergebnissen bei verschiedenen Schnittdicken eine einigermaßen zuverlässige Abschätzung der uns interessierenden Objektcharakteristika erlaubt [Bo40, Eb65, Ka87, Vo85].

Bei Schnitten endlicher Dicke schreiben wir die allgemeine Formel (3.42) mit Hilfe von $\varrho\overline{M} = M_V$ als

$$\sigma_d = \varrho d + M_V/2\pi \ . \tag{3.43}$$

Die Anzahl der Anschnitte je Flächeneinheit ist also mittels dieser

Beziehung als lineare Funktion der Schnittdicke d gegeben (M_V entspricht hier der Summe der Krümmungsintegrale je Raumeinheit). Diese Formel (3.43) wurde bereits 1959 von Cahn und Nutting für den Spezialfall kugelförmiger Teilchen abgeleitet [Ca59], aber sie gilt ganz allgemein für konvexe Körper.

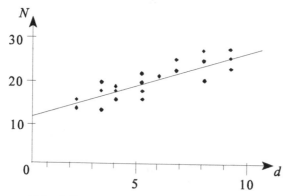

Abb. 3.7 - Zählergebnis N als Funktion der Schnittdicke d

Wenn man die Zählergebnisse $N = \sigma_d A$ für die in einem Beobachtungsgebiet der Größe A enthaltenen Anschnitte über der Schnittdicke aufträgt, so ergibt sich eine Punktmenge wie in Abbildung 3.7 (hier wurde die Schnittdicke d in µm angegeben, die Größe des Bildes A betrug $97 \times 70 \, \mu m^2 = 6790 \, \mu m^2$.

Es handelte sich um ein Präparat von Leberzellkernen (siehe [Vo85]). Die Ausgleichsgerade in Abbildung 3.7 genügt der Gleichung $N = 11.1 + 1.34 \, d/\mu m$, und mit der Fläche $A = 6790 \, \mu m^2$ erhalten wir

$$N_A = \frac{N}{A} = 0.00163 \, \mu m^{-2} + 0.000197 \, d \, \mu m^{-3} = M_V/2\pi + \varrho \, d$$

oder

$$\varrho = N_V = 0.000197 \, \mu m^{-3} \quad , \quad M_V = 0.0102 \, \mu m^{-2}$$

sowie

$$\overline{M} = \frac{M_V}{N_V} = 51.8\,\mu m \quad \text{bzw.} \quad \overline{D} = M/2\pi = 8.24\mu m \quad .$$

Falls wir die Leberzellkerne als ungefähr kugelförmig annehmen, ist $\overline{D}$ der mittlere Durchmesser dieser Objekte im vorliegenden Präparat.

3.3.4 Disector-Methode

Die Disector-Methode wurde erstmals von Sterio im Jahre 1984 eingeführt [St84]. Der Name D.C.Sterio ist nur ein Pseudonym für „Disector", wie die Umstellung der acht Buchstaben zeigt. In Wirklichkeit stammt der entsprechende Artikel von Gundersen, der die Grundideen bereits 1977 entwickelt hatte ([Gu77], siehe dazu auch [Cr03]).

Die zu lösende Aufgabe besteht darin, die räumliche Anzahl von Teilchen beliebiger Form, Größe und Orientierung (Zellkerne, Synapsen, ...) zu bestimmen. Bei der Zählung von Objekte in Schliffen oder Schnitten kommt es immer zu systematischen Verfälschungen, da große Objekte naturgemäß häufiger beobachtet werden als kleine Objekte.

Das Prinzip der Disector-Methode besteht darin, daß nicht alle Profile jedes Objektes aufgefunden werden müssen, sondern nur das „letzte" Profil (der sogenannte *count* oder *top*). Dieses letzte Profil wird ermittelt, indem zwei direkt übereinanderliegende Schnittebenen miteinander verglichen werden. Man berücksichtigt nur die Profile, die in der einen aber nicht in der anderen Schnittebene vorhanden sind. Auf diese Weise werden Mehrfachzählungen desselben Objekts in verschiedenen Schnittebenen verhindert.

Die Zählungen können sowohl in physikalisch getrennten Schnittebenen erfolgen (*physical disector* – PM) als auch im selben Schnitt, der optisch durch die Fokusebene des Objektivs aufgeteilt wird (*optical disector* – OM). Bei der Verwendung der „physikalischen" Methode werden die Objektprofile (die Schnittobjekte) im Referenzschnitt S_R mit den Profilen in einem weiteren Vergleichsschnitt S_V in Beziehung gesetzt. Gezählt werden dabei nur die Profile, die im Referenzschnitt, nicht aber im Vergleichsschnitt vorhanden sind.

Es ist nicht notwendig, das gesamte interessierende Volumen zu analysieren, da nicht alle direkt benachbarten Schnitte ausgewertet werden müssen. An die Distanz zwischen den verwendeten Schnittpaaren ist nur die Forderung zu stellen, daß sie kleiner ist als die kleinste Breite der zu untersuchenden Objekte [Gu86, We93].

Als Erster hat jedoch Abercrombie diese Idee der aufeinanderfolgenden Schnitte publiziert [Ab46]. Er bestimmt die Anzahl N_A der in einem Schnitt der Dicke D vorhandenen Kerne anhand der „mittleren Länge" L der Kerne und der beobachteten Anzahl N_P von „Kernpunkten". Dabei sollen alle „Kernpunkte für alle Zellkerne dieselbe relative Lage" besitzen (das könnte zum Beispiel der Kernschwerpunkt sein – den man jedoch nicht bestimmen kann – oder wie in der Disector-Methode der „Nordpol" der Zellkerns). Die von Abercrombie angegebene Formel lautet

$$N_P \;=\; N_A \cdot \frac{D}{L + D} \;\;.$$

3.4 Wicksellsche Integralgleichung

3.4.1 Schliffe und Schnitte

Stereologische Methoden werden zur Bearbeitung von Meßdaten eingesetzt, indem Aussagen über die den zweidimensionalen Bildern zugrundeliegenden räumlichen Strukturen gewonnen werden sollen. Allerdings handelt es sich dabei nicht um Verfahren der 3D- Szenenanalyse, sondern um statistische Methoden, die sich auf die räumliche Verteilung von Objekten und auf die Häufigkeitsverteilungen von Objektmerkmalen beziehen.

Stereologische Aufgabenstellungen treten beipielsweise dann auf, wenn geometrische Gebilde im Inneren von undurchsichtigen Körpern (Einschlüsse oder Poren in Metallen, Gesteinen, keramischen Werkstoffen) oder undurchsichtige Körper im Inneren von durchsichtigen Materialien (Einschlüsse in Glas, Objekte in biologischem Gewebe) untersucht werden sollen.

Stellvertretend für viele ähnlich gelagerte Aufgabenstellungen der Stereologie soll in diesem Kapitel das erstmals 1925 von Wicksell formulierte Kugelproblem behandelt werden [Wi25]. In Gewebeproben bestimmter Organe sollen Zellanomalien identifiziert werden, wobei man die zu untersuchenden Objekte als Kugeln betrachtet (in einer späteren Arbeit sind auch Ellipsoide als Partikelform zugelassen [Wi26]).

Man setzt eine Menge einander nicht überlappender Kugeln voraus (Zellkerne im pflanzlichen oder tierischen Gewebe, Poren in keramischen Material usw.). Durch diese räumliche Struktur wird ein sehr dünner Anschnitt gelegt oder es wird ein Anschliffpräparat angefertigt (das sich geometrisch als Schnitt einer Ebene mit einem dreidimensionalen Körper auffassen läßt). In beiden Fällen wird mit einer Schnittdicke $d = 0$ gerechnet. Die auftretenden Schnittfiguren sind Kreise. Das von Wicksell formulierte Problem fordert, aus der beobachteten Häufigkeitsverteilung der Schnittkreisradien auf die statistische Verteilung der Kugelradien zu schließen.

Einige Jahre nach der Originalarbeit von Wicksell wurde dieses Modell für ein Problem aus der Kristallographie beschrieben, wo die Schliffebene eines undurchsichtigen Körpers beobachtbar ist [Sc31]. Aber es wird auch die zerstörungsfreie Untersuchung von Sedimenten in alten Gesteinen behandelt [Kr35] oder die Mikrostruktur von Metallen untersucht [Fu53].Eine in der Literatur als *Tomatensalat-Problem* bekannte Variante des Wicksellschen Problems liegt vor, wenn statt des Schnittes durch das Material eine Schnittscheibe positiver Dicke zur Verfügung steht [Ba58, Ba59, Go67]. Wir werden diese Variante hier ebenfalls behandeln.

In diesem zweiten Fall untersucht man dünne Schichten des durchsichtigen Materials („Schnitte" der Dicke $d > 0$) und modelliert den Beobachtungsvorgang als senkrechte Parallelprojektion der Schicht und der angeschnittenen undurchsichtigen Körper auf eine Ebene (Schattenbildung). Die dünnen Schichten werden als Anschnitte bezeichnet. Zwar werden auch hier kugelförmige Körper zu kreisförmigen Figuren führen. Aber es werden andere mathematische Zusammenhänge auftreten als im Fall der Anschliffe. Der praktische Einsatz der digitalen Bildverarbeitung hat es ermöglicht, ausreichend viele Kreise (Zellkernanschnitte, Porenanschliffe) zu detektieren und zu vermessen, so daß auch die Frage nach effektiven Lösungsmethoden für die gestellte Aufgabe zunehmend interessanter wurde.

3.4.2 Radien von Kugeln und Schnittkreisen

Es sei $f(r)$ die gesuchte Wahrscheinlichkeitsdichte der Kugelradien r, $g(s)$ die Wahrscheinlichkeitsdichte der Schnittkreisradien s und $\bar{r}$ der Mittelwert (Erwartungswert) der Kugelradienverteilung. Dann gilt ganz allgemein:

$$f(r) \geq 0 \quad , \quad \int_0^{\infty} f(r)\, dr = 1 \quad , \quad \int_0^{\infty} r \cdot f(r)\, dr = \bar{r}$$

$$g(s) \geq 0 \quad , \quad \int_0^{\infty} g(s)\, ds = 1 \tag{3.44}$$

Bei einer örtlich homogenen Verteilung der Kugelmittelpunkte ist die Anzahl dN_r der von einem Schnitt der Dicke $d=0$ erfaßten Kugeln mit einem Radius zwischen r und $r+dr$ durch die Formel $dN(r) = \text{const} \cdot r \cdot f(r)\, dr$ gegeben, weil diese Anzahl sowohl proportional zur Verteilungsdichte $f(r)$ ist als auch proportional zum Radius r (große Kugeln werden häufiger vom Schnitt getroffen als kleine Kugeln). Wenn wir $dN(r)/dr$ auf 1 normieren, ergibt sich die Wahrscheinlichkeitsdichte

$$n(r) = \frac{r \cdot f(r)}{\bar{r}} \tag{3.45}$$

dafür, daß eine Kugel vom Radius r durch den Schnitt getroffen wird.

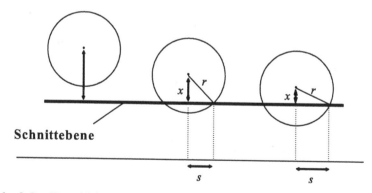

Abb. 3.8 - Zur Ableitung der Wicksellschen Integralgleichung

Der Mittelpunkt einer geschnittenen Kugel mit dem Radius r kann mit örtlich gleichbleibender Wahrscheinlichkeitsdichte jeden Abstand x von der Schnittfläche besitzen, für den $0 \leq x \leq r$ gilt (siehe Abbildung 3.8). Die von x abhängigen Schnittkreisradien sind

$$ s = \begin{cases} \sqrt{r^2 - x^2} & \text{für } 0 \leq x \leq r \\ 0 & \text{für } r < x < \infty \end{cases} \tag{3.46}$$

Die bedingte Wahrscheinlichkeitsdichte $a(x|r)$ für die Mittelpunktsabstände x der Kugeln mit einem Radius r ist konstant für $0 \leq x \leq r$ und verschwindet für $x > r$. Also folgt für die bedingte Wahrscheinlichkeit $A(x|r)$ im Bereich $0 \leq x \leq r$

$$ a(x|r) = \frac{1}{r} \quad , \quad A(x|r) = \int_0^x a(x'|r)\,dx' = \frac{x}{r} \quad . \tag{3.47}$$

Daraus ergeben sich die bedingte Wahrscheinlichkeit $G(s|r)$ bzw. die bedingte Wahrscheinlichkeitsdichte $g(s|r)$ für die Schnittkreisradien (immer mit $s \leq r$):

$$ G(s|r) = 1 - A\big(x(s)|r\big) = 1 - \frac{\sqrt{r^2 - s^2}}{r} $$

$$ g(s|r) = \frac{dG(s|r)}{ds} = \frac{s}{r\sqrt{r^2 - s^2}} \tag{3.48}$$

Für einen festgehaltenen Schnittkreisradius s können also alle Kugeln mit Radien $r \geq s$ zu den beobachteten Schnitten beitragen, so daß mit der Wahrscheinlichkeitsdichte $n(r)$ aus (3.45) durch Integration über alle von einem Schnitt getroffenen Kugeln die Beziehung

$$ g(s) = \int_0^\infty g(s|r) \cdot n(r)\,dr = \frac{s}{\bar{r}} \int_s^\infty \frac{f(r)}{\sqrt{r^2 - s^2}}\,dr \tag{3.49}$$

folgt. Durch diese erstmals von Wicksell formulierte Integralgleichung wird der mathematische Zusammenhang zwischen der (gesuchten) Verteilungsdichte $f(r)$ der Kugelradien und der (als gemessen vorausgesetzten) Verteilungsdichte $g(s)$ der Schnittkreisradien hergestellt.

3.4.3 Dicke Schnitte für kugelförmige Objekte

Während Wicksell seine Integralgleichung unter der speziellen Voraussetzung $d=0$ ableitete, (zum Beispiel im praktisch interessierenden Fall von Keramik-Anschliffen), muß man für biomedizinische Anwendungen davon ausgehen, daß die Schnittdicke (etwa 3-6 µm) nicht mehr gegen die Radien der zu untersuchenden Objekte (Zellkerne mit Radien von 4-12 µm) zu vernachlässigen ist. Die Aussagen und Ergebnisse aus dem vorangegangenen Abschnitt müssen also auf den Fall $d \geq 0$ verallgemeinert werden.

Entsprechend Abbildung 3.8 werden im Fall „dicker" Schnitte die angeschnittenen Objekte dann im Schnitt zu beobachten sein, wenn der Abstand x des jeweiligen Kugelmittelpunktes von der Mittelebene des Schnittes kleiner als $r+d/2$ ist. Die differentielle Anzahl dN_r der vom Schnitt erfaßten Kugeln mit einem Radius zwischen r und $r+dr$ ist in diesem Fall durch

$$dN_r \sim (r + d/2) \cdot f(r)\,dr \tag{3.50}$$

gegeben, wobei $f(r)$ wieder die Wahrscheinlichkeitsdichte dafür ist, daß Kugeln vom Radius r auftreten. Die Gesamtanzahl N_{ges} der zu beobachtenden Schnittkreise ergibt sich also als Integral über diesen Ausdruck (wieder mit $\bar{r}$ als mittleren Kugelradius):

$$N_{ges} = \int dN_r \sim \int (r+d/2) \cdot f(r)\,dr = \bar{r} + \frac{d}{2} \ . \tag{3.51}$$

Also ist die Wahrscheinlichkeit $n(r)$ dafür, daß eine Kugel vom Radius r mit dem dicken Schnitt einen nichtleeren Durchschnitt besitzt, durch die folgende Formel gegeben (für $d=0$ erhalten wir wieder die Formel (3.45)):

$$n(r) = \frac{dN_r/dr}{N_{ges}} = \frac{(r + d/2)\,f(r)}{\bar{r} + d/2} \; . \tag{3.52}$$

Der Mittelpunkt einer Kugel K vom Radius r, die im Schnitt S beobachtet werden soll, kann mit konstanter Wahrscheinlichkeit jeden Abstand x von der Mittelebene des Schnittes besitzen, für den die Bedingung $0 \le x \le r + d/2$ gilt. Da dabei die größte Ausdehnung des Durchschnitts $K \cap S$ in der Projektion als „Schatten" erfaßt wird, ergeben sich die Schattenradien s durch

$$s = \begin{cases} \sqrt{r^2 - (x - d/2)^2} & \text{für } d/2 \le x \le r + d/2 \\[2mm] r & \text{für } 0 < x < d/2 \end{cases} \; . \tag{3.53}$$

Während also x im Bereich $(0 \ldots r + d/2)$ gleichverteilt ist, erhalten wir für die Verteilungsdichte $g_r(s)$ der Schattenradien s eine von x abhängige Verteilungsdichte (bei konstant gehaltenem Kugelradius r): Einerseits werden dabei die Schattenradien $s = r$ mit der Wahrscheinlichkeit $(d/2)/(r + d/2)$ gefunden, d.h. die Verteilungsdichte muß an der Stelle $s = r$ durch eine Dirac'sche Deltafunktion $\delta(s - r)$ beschrieben werden (die Dirac'sche Deltafunktion $\delta(x)$ besitzt für $x \ne 0$ den Wert 0 und geht für $x = 0$ derart gegen unendlich, daß das Integral $\int \delta(x)dx$ den Wert 1 hat). Andererseits beobachten wir für $s < r$ die Verteilungsdichte

$$g_r(s) \sim \frac{dx}{ds} = \frac{1}{ds/dx} = \frac{s}{\sqrt{r^2 - s^2}} \; , \tag{3.54}$$

so daß insgesamt die Verteilungsdichte der Schattenradien s für festen Kugelradius r gegeben ist durch

$$g_r(s) = \begin{cases} \dfrac{1}{r + d/2}\left(\dfrac{d}{2}\delta(s - r) + \dfrac{s}{\sqrt{r^2 - s^2}} \right) & \text{für } 0 \le s \le r \\[4mm] 0 & \text{für } r < s < \infty \end{cases} \tag{3.55}$$

Die Wahrscheinlichkeitsdichte dafür, daß überhaupt ein Schattenradius s zu beobachten ist, ergibt sich dann durch die mit $n(r)$ gewichtete Integration über alle Kugelradien r. Wir erhalten daher die Integralgleichung

$$g(s) = \int_0^\infty g_r(s) \cdot n(r)\, dr =$$

$$= \frac{2s}{d+2\bar{r}} \int_0^\infty \frac{f(r)}{\sqrt{r^2-s^2}}\, dr + \frac{d}{d+2\bar{r}} \cdot f(s) \qquad (3.56)$$

Durch diese Integralgleichung wird der Zusammenhang zwischen der Kugelradienverteilung $f(r)$ und der Schattenradienverteilung $g(s)$ im Fall nichtverschwindender Schnittdicke d hergestellt (siehe dazu zum Beispiel auch [Ba63] und [Ko69]).

3.4.4 Integralgleichung der Radienverteilung

Die verallgemeinerte Integralgleichung (3.56) ist unter der Bedingung zufällig im Raum verteilter Kugeln für Schnittdicken $d \geq 0$ mathematisch korrekt. Aber man kann diese Gleichung weder exakt noch näherungsweise lösen, da sich die Verteilungsdichte $g(s)$ der Schattenradien s experimentell nicht bestimmen läßt. Durch Messungen und Zählungen kann man lediglich Abschätzungen der integralen Verteilungsfunktion $G(s)$ an einigen Stützstellen erhalten. Dabei sind $G(s)$ und $g(s)$ folgendermaßen miteinander verbunden:

$$G(s) = \int_s^\infty g(s')\, ds' = 1 - \int_0^s g(s')\, ds' \qquad (3.57)$$

$$g(s) = -\frac{dG(s)}{ds} \quad .$$

Hier ist $G(s)$ die mit s monoton fallende Wahrscheinlichkeit dafür, daß ein beliebiger Schatten einen Radius gleich oder größer s besitzt (es ist $G(0) = 1$ und $G(\infty) = 0$). Genauso wie für die Schattenradien läßt sich auch für die Kugelradien eine integrale Verteilung angeben:

Der mittlere Schattenradius $\bar{s}$ sowie auch der der mittlere Kugelradius $\bar{r}$ ergeben sich sowohl aus den entsprechenden Verteilungsdichten als auch mittels partieller Integration aus den Verteilungen:

$$F(r) = \int_r^\infty f(r')\,dr' = 1 - \int_0^r f(r')\,dr' \quad . \tag{3.58}$$

$$\bar{s} = \int_0^\infty s' \cdot g(s')\,ds' = \int_0^\infty G(s)\,ds$$

$$\bar{r} = \int_0^\infty r' \cdot f(r')\,dr' = \int_0^\infty F(r)\,dr \quad . \tag{3.59}$$

Wenn wir nun die Gleichung (3.56) über alle Werte s' im Bereich von s bis ∞ integrieren, so folgt

$$G(s) = \int_s^\infty \frac{2s'}{d + 2\bar{r}} \left(\int_{s'}^\infty \frac{f(r)}{\sqrt{r^2 - s'^2}}\,dr \right) ds' +$$

$$+ \frac{d}{d + 2\bar{r}} \int_s^\infty f(s')\,ds' \quad . \tag{3.60}$$

Nach Umordnung der Integrationsreihenfolge im ersten Term kann man die innere Integration ausführen, und unter Beachtung von (3.58) erhalten wir

$$G(s) = \frac{2}{d + 2\bar{r}} \int_s^\infty f(r) \cdot \sqrt{r^2 - s^2}\,dr + \frac{d}{d + 2\bar{r}} F(s) \tag{3.61}$$

Eine partielle Integration liefert schließlich unter Berücksichtigung der Integrale für die Mittelwerte $\bar{s}$ und $\bar{r}$ eine numerisch auswertbare Integralgleichung

$$G(s) = \frac{2}{d + 2\bar{r}} \int_{s}^{\infty} \frac{r \cdot F(r)}{\sqrt{r^2 - s^2}}\, dr + \frac{d}{d + 2\bar{r}}\, F(s) \qquad (3.62)$$

für den Zusammenhang der beiden Wahrscheinlichkeitsfunktionen $G(s)$ und $F(r)$. Diese Gleichung ist eine mathematisch exakte Beziehung dafür, wie die gesuchte (monoton fallende) Kugelradienverteilung F und die experimentell bestimmbare (ebenfalls monoton fallende) Schattenradienverteilung G miteinander zusammenhängen.

3.4.5 Verfahren zur Lösung des Wicksellproblems

Im Grenzfall $d \to \infty$ liefert die oebn abgeleitete Formel (3.61) das Ergebnis $G(s) = F(s)$. Für kleine Schnittdicken d können die Schattenkreisradien ziemlich stark von den Kugelradien abweichen. Um aber auch unter solchen Bedingungen zu einer Lösung der Integralgleichung (3.62) zu gelangen, schreiben wir sie mit $\bar{r} = \int F(r)\, dr$ in die Form

$$G(s) = \left(d + 2 \int_{0}^{\infty} F(r)\, dr \right)^{-1} \cdot \left(d \cdot F(s) + 2 \int_{s}^{\infty} \frac{r \cdot F(r)}{\sqrt{r^2 - s^2}}\, dr \right) \qquad (3.63)$$

um. Jetzt besteht die Aufgabe darin, bei Kenntnis einer Schattenradienfunktion $G(s)$ eine Funktion F so zu bestimmen, daß die Gleichung (3.63) erfüllt wird. Die Funktion $F(r)$ ist für nichtnegative Werte von r definiert, und sie muß von $F(0) = 1$ an monoton bis $F(\infty) = 0$ fallen.

Die Aufgabe kann man derart in Angriff nehmen, daß man aus zwei diese Randbedingungen erfüllenden Funktionen F_1 und F_2 nach (3.63) zuerst die jeweiligen Resultate $G_1^*(s)$ und $G_2^*(s)$ berechnet. Anschließend entscheidet man sich für diejenige der beiden Funktionen F_1 oder F_2, für die die quadratische Abweichung

$$\Delta_m = \int_{0}^{\infty} \left(G(s) - G_m^*(s) \right)^2 ds \qquad (3.64)$$

des Resultates von der beobachteten Verteilung $G(s)$ kleiner ist. Damit überführen wir die Aufgabe, die Integralgleichung (3.62) zu lösen, in ein Optimierungsproblem:

$$H = \int\limits_0^\infty \left(G(s) - G_m^*(s)\right)^2 ds \to Minimum$$

Als Ausgangspunkt der Optimierung könnte man zum Beispiel $F_1(s_j)$ $= G(s_j)$ an vorgegebenen Stützstellen s_j wählen (um eine numerische Integration durchführen zu können), dann durch kleine Änderungen an den Stützstellen zu der Funktion $F_2(s_j)$ gelangen, sich im Sinne von (3.64) für die „bessere" Funktion F_{opt} entscheiden (d.h. entweder F_1 beibehalten oder aber F_2 verwenden) und dann mit F_{opt} diese Versuch-und-Irrtum-Methode der Optimierung weiter fortsetzen.

3.4.6* Wicksellproblem für beliebige konvexe Körper

Das Problem, die Größenverteilung dreidimensionaler Objekte aus der (gemessenen) Größenverteilung ihrer zufällig ausgewählten zweidimensionalen ebenen Schnitt-Figuren zu bestimmen oder zumindest eine exakte Gleichung für diese Aufgabenstellung anzugeben, kann auch im Fall beliebiger konvexer Objekte gelöst werden.

Es sei l die charakteristische Größe von einander geometrisch ähnlichen konvexen Objekten (z.B. der Radius von Kugeln oder die Kantenlänge regulärer Polyeder). Diese Objekte sollen im Raum nach Lage und Orientierung zufällig gleichverteilt sein. Bei einem Schnitt der Objekte mit einer Ebene entstehen bezüglich Größe und Form unterschiedliche Schnittfiguren der Fläche A. Die Größe dieser Schnittfiguren soll durch einen „Pseudoradius" $s = \sqrt{A/\pi}$ charakterisiert werden.

Da die Objekte bezüglich ihres Abstandes zur Schnittebene zufällig verteilt sind, treten selbst für Objekte einheitlicher Größe unterschiedliche Pseudoradien auf, die Werte von $s = 0$ bis zu einem Maximalwert $S(l) = s_{max}(l)$ annehmen. Statt die Objekte bezüglich der Schnittebene als zufällig gelagert anzunehmen, kann man auch ein einzelnes Objekt bestimmter Größe vorgeben und zufällig verteilte Schnittebenen betrachten. Damit können die Ergebnisse der Integralgeometrie für die Lösung des Schnittflächenproblems ausgenutzt werden.

Tabelle 3.3 - Funktionen $\hat{G}(x)$ und $K(x)$ für reguläre Polyeder

x	Tetraeder $\hat{G}(x)$	$K(x)$	Würfel $\hat{G}(x)$	$K(x)$	Oktaeder $\hat{G}(x)$	$K(x)$
0	100	100	100	100	100	100
50	89	101	94	100	94	100
	77	103	89	99	88	101
	63	105	84	98	81	101
	49	107	79	97	75	100
	34	124	74	99	68	102
	12	140	69	100	61	106
	0	19	64	102	54	110
	0	0	58	104	45	132
			52	107	26	297
			45	129	1	85
			34	210	0	1
			12	255	0	0
			1	49		
			0	0		

Es sei nun $G(s,l)$ die Wahrscheinlichkeit dafür, daß der Pseudoradius einer beliebig herausgegriffenen Schnittfläche größer als s ist. Dann gilt für die monoton fallende Funktion $G(s,l)$

$$G(s,l) \;=\; \begin{cases} 1 & \text{für } s = 0 \\ 0 & \text{für } s > s_{max}(l) \end{cases} \;.$$

Da geometrisch einander ähnliche Objekte untersucht werden sollen, sind bei geometrisch ähnlichen Verhältnissen der Lage und Orientierung der Schnittebene die entstehenden Schnittflächen ebenfalls einander ähnlich, und man erhält mit $l \rightarrow 1$ und $s \rightarrow s/l$ die Beziehung

$$G(s,l) = G\left(\frac{s}{l},1\right) =_{\text{def}} \hat{G}(s/l)$$

wobei $\hat{G}(s/l)$ die ebenfalls monoton fallende Verteilung der Pseudoradien für ein Objekt mit der charakteristischen Länge $l = 1$ beschreibt.

Um nun aus der Verteilungsdichte $f(l)$ bzw. aus der Verteilung $F(l)$ der Objektgröße l auf die resultierende Verteilung der Pseudoradien s schließen zu können, muß man die Häufigkeit kennen, mit der ein Objekt der Größe l von den Schnittebenen getroffen wird. Diese Häufigkeit ist nach (3.10) proportional dem Krümmungsintegral M des jeweiligen Objektes. Als lineares Maß ist das Krümmungsintegral proportional der charakteristischen Länge l der einander geometrisch ähnlichen Körper, wobei der Proportionalitätsfaktor von der konkreten Form der Körper abhängt. Wir erhalten also mit $S(l) = s_{\text{max}}(l)$ für die aus $f(l)$ resultierende Verteilung der Pseudoradien

$$G(s) = \int\limits_{s/S(l)}^{\infty} l \cdot \hat{G}\left(\frac{s}{l}\right) \cdot f(l)\, dl \Bigg/ \int\limits_{0}^{\infty} l \cdot f(l)\, dl$$

wobei $\hat{G}(s/l)$ für $l < s/S(l)$ verschwindet. Eine partielle Integration dieser Gleichung führt auf

$$G(s) = \int\limits_{s/S(l)}^{\infty} K\left(\frac{s}{l}\right) \cdot F(l)\, dl \Bigg/ \int\limits_{0}^{\infty} F(l)\, dl \quad .$$

Der Kern $K(s/l)$ der Integralgleichung ist gegeben durch

$$K(x) = \hat{G}(x) - x \cdot \frac{d\hat{G}(x)}{dx}$$

Wenn $K(x)$ analytisch oder numerisch bestimmt worden ist, kann die Integralgleichung mit den von der Wicksellschen Integralgleichung her bekannten numerischen Methoden iterativ gelöst werden. Für einige Polyeder (Tetraeder, Würfel, Oktaeder) sind in [Vo78] die Funktionen $\hat{G}(s/l)$ und $K(x)$ tabellarisch angegeben worden (als charakteristische Länge ist hier in Tabelle 3.3 stets die Kantenlänge des jeweiligen Polyeders gewählt worden).

Die Funktionen $\hat{G}(s/l)$ und $K(x)$ für reguläre Polyeder weisen einen ziemlich unregelmäßigen Verlauf auf. Dieselbe Situation findet man für die Verteilungsdichten der Sehnenlängen von Polyedern [It70, En78, Gi88]. In Abbildung 3.9 sind für zwei verschiedene Quader (a,b,c) mit den Seitenlängen $(1,2,2)$ und $(1.0, 1.2, 1.2)$ die analytisch bestimmten Verteilungsdichten $A(l)$ der Sehnenlängen l dargestellt (nach [Gi88]).

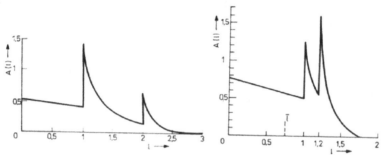

Abb. 3.9 - Sehnenlängenverteilung für Quader

3.5 Schnitte von Polyedern

3.5.1 Problemstellung

In der Geologie und der Metallographie sind Anschliffe oder dünne Schnitte kristalliner Aggregate ein Hauptgegenstand der mikroskopischen Untersuchung. Deshalb ist es wichtig zu wissen, welche Typen von Polygonen durch planare Schnitte von Polyedern erzeugt werden (Tabellen 3.4 und 3.5). Häufig werden solche statistischen Untersuchungen mit Hilfe von Computersimulationen durchgeführt [Du77, Vo78, Ri80, Wa81]. Ein frühes Experiment für Würfel wurde sogar „hardwaremäßig" mit Drahtmodellen angestellt [Hu53].

Hier soll demgegenüber ein theoretischer Zugang gewählt werden, um die relativen Häufigkeiten f_n zu bestimmen, mit denen n-seitige Po-

lygone beim Schneiden vorgegebener Polygone durch zufällig gleichverteilte Ebenen auftreten. Für das allgemeine Tetraeder wurden schon
1963 exakte Formeln angegeben [Kn63]. Eine weitere Arbeit aus dem
Jahre 1963 ist „analytisch" nur in dem Sinne, daß sie für die f_n Integrale liefert, die noch numerisch ausgewertet werden müssen [My63].
Aber diese Integrale lieferten doch Resultate, die auf etwa 0.1% genau
waren und damit als Test für Computersimulationen dienen konnten
[Ri80].

Ein neuer Zugang, analytische Formeln für die f_n finden zu können,
bietet die Lösung des sogenannten Buffon-Sylvester-Problems im dreidimensionalen Raum durch Ambartzumian [Am73]: Unter der Voraussetzung, daß sich nur drei Kanten in den Ecken des jeweiligen
Polyeders treffen, konnte er die Wahrscheinlichkeiten f_3, f_4, f_5 und f_6
für den Würfel angeben.

Hier soll das f_n-Problem für konvexe Polyeder durch einen ziemlich
elementaren Ansatz gelöst werden, wobei nur einfache geometrische
Überlegungen angestellt und die bekannten integralgeometrischen
Schnittformeln ausgenutzt werden. Zuerst verwenden wir natürlich die
Gleichung

$$\sum_{n \geq 3} f_n = 1$$

und eine zweite Gleichung, die mit L als gesamter Kantenlänge die
mittlere Eckenanzahl $\bar{n}$ der Schnittpolygone angibt [Sa76, Vo78]:

$$\bar{n} = \sum_{n \geq 3} n \cdot f_n = \frac{\pi \sum_i l_i}{M} = \frac{\pi \sum_i l_i}{\frac{1}{2} \sum_i l_i (\pi - \alpha_i)} = \frac{\pi L}{M} \quad . \tag{3.65}$$

Hier werden die Summen $\sum_i$ über alle Kanten des jeweiligen Polyeders
erstreckt, wobei l_i die einzelnen Kantenlängen und α_i die Innenwinkel
der an der i-ten Kante zusammenstoßenden Polyederflächen sind (die
Gleichung ergibt sich, wenn man das Schneiden eines „leeren", lediglich Kanten enthaltenen Polyeders mit einer Ebene untersucht). Dabei
beachten wir, daß

$$M = \frac{1}{2} \sum_i l_i (\pi - \alpha_i) \tag{3.66}$$

das Integral der mittleren Krümmung des Polyeders und damit ein Maß für die „Anzahl aller Schnitte" ist. Das Polyeder ist gekennzeichnet durch

$$T' = 2\pi (n_0 - n_1 + n_2) \quad , \quad M' = \pi \sum_i l_i (\pi - \alpha_i)$$

$$S' = 0 \quad , \quad V' = 0$$

mit n_0, n_1, n_2 als Anzahl der Ecken, Kanten und Seitenflächen des leeren Polyeders (siehe [Bl55]). Andererseits gilt für eine Ebene, d.h. eine Platte der Fläche F und des Umfangs U mit verschwindender Dicke

$$T = 4\pi \quad , \quad M = \pi U/2 \quad , \quad S = 2F \quad , \quad V = 0 \quad .$$

Daher ist das Integral $J_T^{(0)}$ nach (3.18) durch

$$J_T = 4\pi (0 + 2F \cdot \pi L + 0 + 0) = 8\pi^2 FL = 4\pi N_0$$

gegeben, wobei N_0 die Anzahl der entstandenen Schnittobjekte ist. Die Schnittobjekte sind die im Fall des Schneidens eines Drahtgittermodells des Polyeders natürlich nur Punkte. Auf der anderen Seite können wir die Anzahl N_2 der durch das Schneiden entstehenden Polygone mit Hilfe des Integrals

$$J_T^{(2)} = 4\pi (0 + 2F \cdot M_p + \pi U/2 \cdot S_p + 4\pi \cdot V_p) = 4\pi N_2$$

beschreiben, wobei V_P, S_P und M_P Volumen, Oberfläche und Krümmungsintegral des Polyeders sind. Daraus folgt dann in der Grenze $F \to \infty$ die mittlere Eckenanzahl der entstehenden Schnittpolygone zu

$$\bar{n} = \lim_{F \to \infty} \frac{J_T^{(0)}}{J_T^{(2)}} =$$

$$= \lim_{F \to \infty} \frac{8\pi^2 FL}{4\pi (2F \cdot M_p + \pi U/2 \cdot S_p + 4\pi \cdot V_p)} = \frac{\pi L}{M}$$

d.h. also die oben angegebene Formel (3.65).

3.5.2 Tetraeder und Oktaeder

Im Spezialfall, daß ein Polyeder nur zwei verschiedene Typen von Polygonen liefert (beim Tetraeder Drei- und Vierecke, beim Oktaeder Vier- und Sechsecke – siehe Abb. 3.1), sind die beiden Gleichungen $\sum_n f_n = 1$ und $\sum_n n \cdot f_n = \pi L/M$ ausreichend, um die beiden Unbekannten zu berechnen (f_3 und f_4 beim Tetraeder, f_4 und f_6 beim Oktaeder, siehe [Ha55, Sa76]).

Tabelle 3.4 - Volumen V und Oberfläche S der regulären Polyeder

Körper Kanten a	Volumen V/a^3	Oberfläche S/a^2	Krümmungs-integral M/a
Tetraeder	$\sqrt{2}/12$	$2\sqrt{3}$	$3 \cdot (\pi - \mathrm{acos}(1/3))$
Hexaeder	1	6	3π
Oktaeder	$\sqrt{2}/3$	$2\sqrt{3}$	$6a \cdot \cos(1/3)$
Dodekaeder	$(15 + 7\sqrt{5})/4$	$3\sqrt{25 + 10\sqrt{5}}$	$15 \cdot \mathrm{acos}(1/\sqrt{5})$
Ikosaeder	$5(3 + \sqrt{5})/12$	$5\sqrt{3}$	$15 \cdot \arccos(\sqrt{5}/3)$
Kugel	$4\pi/3$	4π	4π

Das Krümmungsintegral ist nach (3.66)

$$M_{\text{poly}} = \frac{1}{2} \sum_k l_k (\pi - \alpha_k) = \frac{1}{2} \sum_k l_k \beta_k$$

mit l_k als Kantenlängen und α_k als Innenwinkel, mit dem die beiden Seitenflächen der k-ten Kante aneinanderstoßen (β_k ist der Winkel zwischen der Außennormalen dieser beiden Flächen). Mit dem Seiten-innenwinkel $\alpha = \arccos(1/3)$ für das Tetraeder können wir das Krümmungsintegral berechnen und erhalten so die beiden Gleichungen

$$f_3 + f_4 = 1 \quad , \quad 3f_3 + 4f_4 = \frac{\pi L}{M} = \frac{6\pi a}{3a(\pi - \arccos(1/3))}$$

mit den Lösungen

$$f_3 = \frac{8\arcsin(1/3)}{\pi + 2\arcsin(1/3)} \approx 0.71146$$

$$f_4 = \frac{\pi - 6\arcsin(1/3)}{\pi + 2\arcsin(1/3)} \approx 0.28854$$

für den relativen Anteil von Dreiecken und Vierecken, die beim Schneiden eines Tetraeders entstehen.

Tabelle 3.5 - Umkugelradius R und Seiteninnenwinkel α der regulären Polyeder mit Kantenlänge a

Körper	Umkugel-radius R/a	Seitenwinkel α	Anzahl Kanten	Seiten-winkel in Grad
Tetraeder	$\sqrt{6}/4$	$\operatorname{acos}(1/3)$	6	70.528
Hexaeder	$\sqrt{3}/2$	$\pi/2$	12	90
Oktaeder	$\sqrt{2}/2$	$\operatorname{acos}(-1/3)$	12	109.471
Dodekaeder	$(15+\sqrt{3})/4$	$\operatorname{acos}\left(-1/\sqrt{5}\right)$	30	116.565
Ikosaeder	$\sqrt{10+2\sqrt{5}}/4$	$\operatorname{acos}\left(-\sqrt{5}/3\right)$	30	116.565

Auf dieselbe Art kann man die Anteile f_4 und f_6 für ein Oktaeder bestimmen. Der Seiteninnenwinkel ist in diesem Fall $\alpha = \arccos(-1/3)$, so daß wir das Gleichungssystem

$$f_4 + f_6 = 1 \quad , \quad 4f_4 + 6f_6 = \frac{\pi L}{M} = \frac{12\pi a}{6a \cdot \arccos(1/3)}$$

mit den Lösungen

$$f_4 = \frac{\pi - 6\arcsin(1/3)}{\pi - 2\arcsin(1/3)} \approx 0.44785$$

$$f_6 = \frac{4\arcsin(1/3)}{\pi - 2\arcsin(1/3)} \approx 0.55215$$

erhalten.

3.5.3 Konvexe Polyeder

Wenn beim Schneiden des Polyeders mehr als zwei unterschiedliche Polygontypen auftreten können (siehe Abb. 3.1), versagt die im vorangegangenen Abschnitt dargestellte Methode. Aber es läßt sich mit Hilfe der Integralgeometrie doch eine geschlossene analytische Lösung finden ([Vo82, Vo84]).

Es sei E die Menge der Eckpunkte des gegebenen konvexen Polyeders. Das Polyeder selbst ist dann die konvexe Hülle $C(E)$ aller seiner Eckpunkte. Weiter sei $E' \subset E$ eine nichtleere echte Teilmenge von E und $E \setminus E'$ die entsprechende nichtleere Komplementärmenge. Die beiden Polyeder $C(E)$ und $C(E')$ sind ebenfalls konvex,

Wir betrachten jetzt nur solche Teilmengen E', daß die Punkte aus E' und $E \setminus E'$ durch eine Ebene getrennt werden können (E' und $E \setminus E'$ sind „separierbar"). Es soll weiter $J_t(E')$ das Maß aller Ebenen sein, die das vollständige Polyeder $C(E)$ treffen und die Punktmengen E' und $E \setminus E'$ bzw. die Polyeder $C(E')$ und $C(E \setminus E')$ trennen. Dabei gilt $J_t(E')$ $= J_t(E \setminus E')$. Schließlich bezeichnen wir mit $J_s(E') = J_s(E \setminus E')$ das Maß aller Ebenen, die sowohl $C(E')$ als auch $C(E \setminus E')$ treffen.

Für jedes konvexe Polyeder P ist das Maß aller P treffenden Ebenen durch das Integral der mittleren Krümmung $M(P)$ gegeben. Also folgt die Beziehung

$$M(E) = M(E') + M(E \setminus E') - J_s(E') + J_t(E') \quad .$$

Im allgemeinen existiert keine offensichtliche Möglichkeit, die Maße $J_t(E')$ und $J_s(E')$ zu bestimmen (im zweidimensionalen Fall wird die

Lösung durch den Croftonschen Seilliniensatz gegeben, Abschnitt 1.3.3). Im einfachen Fall, daß E' (und damit auch das Polyeder $C(E')$) nur aus einem einzigen Punkt p besteht, besitzt die integralgeometrische Anzahl $J_t(\{p\})$ aller Ebenen, die durch p und $E \setminus \{p\}$ gehen, im Vergleich zu $M(E)$ und $M(E \setminus \{p\})$ das Maß Null. Da auch $M(E') = M(\{p\}) = 0$ ist, erhalten wir für $J_t(\{p\})$ die einfache Beziehung

$$J_t(p) = M(E') - M(E \setminus \{p\}) \quad .$$

Hier ist $M(E \setminus \{p\})$ das Integral der mittleren Krümmung des nach Streichen des Punktes p verbleibenden konvexen Polyeders $C(E \setminus \{p\})$.

Wenn man bei einem Würfel eine einzelne Ecke abtrennt, so entstehen Dreiecke, und man kann den Anteil f_3 der Dreiecke berechnen. Wird eine Kante des Würfels abgetrennt (also zwei Punkte p_1 und p_2 separiert), dann erhalten wir Vierecke. Auch hier kann man wieder das Maß $J_t(p_1, p_2)$ für die zwischen $C(E') = C(p_1, p_2)$ und $C(E \setminus E')$ verlaufenden Ebenen berechnen:

$$J_t(p_1, p_2) = M(E \setminus \{p_1\}) + M(E \setminus \{p_2\}) - M(E) - M(E \setminus \{p_1, p_2\}) \quad .$$

Wird diese Argumentation für separierbare Teilmengen E' verallgemeinert, so erhalten wir die Beziehung

$$M(E) - M(E \setminus E') = J_t(E') + \sum_{E''} J_t(E'') \quad ,$$

wobei die Summe über alle echten Teilmengen $E'' \subset E$ zu erstrecken ist, die sich von E separieren lassen. Man kann also $J_t(p_i)$, $J_t(p_i, p_j)$, $J_t(p_i, p_j, p_k)$ usw. berechnen und damit explizite Ausdrücke für alle $J_t(E')$ erhalten.

Die Punkte der separierbaren Teilmengen E' und $E \setminus E'$ sind im Polyeder $C(E)$ durch $n(E')$ Kanten miteinander verbunden. Jede Ebene, die die Punktmengen E' und $E \setminus E'$ voneinander separiert, liefert also ein konvexes Schnittpolygon mit $n(E')$ Ecken. Daher ist $J_t(E')$ ein Maß für die integralgeometrische Anzahl der entstehenden $n(E')$-Polygone. Also erhalten wir die relativen Häufigkeiten f_n von n-seitigen Schnittfiguren durch die folgende Formel:

$$f_n = \frac{\sum\limits_{n_{E'} = n} J_t(E')}{M(E)} \; .$$

Für den Würfel ergeben sich damit die folgenden Werte (siehe dazu [Am73]):

$$f_3 = 0.27982 \quad , \quad f_4 = 0.48679 \quad , \quad f_5 = 0.18693 \quad , \quad f_6 = 0.04644 \; .$$

Diese Werte wurden auch durch Computersimulationen erhalten [My63, Vo78].

3.6 Aufgaben

A3.1   Bestimme für eine Kugel vom Radius r die ungefähre Größe der Oberflächenstücke $\Delta S = r^2 \Delta\omega$ mittels der Beziehung $\Delta\omega = \Delta\beta \Delta\lambda \cos\beta$ für die Winkelbereiche $\Delta\beta = 1°$, $\Delta\lambda = 1°$ und $r = 6380$ km ! Dabei soll die „geographischen Breite" die drei Werte $0°$ (Äquator), $23.5°$ (Wendekreis des Krebses) und $66.5°$ (Polarkreis) annehmen.

A3.2   Bestimme das Integral der mittleren Krümmung für einen geraden Kreiszylinder mit der Länge l und dem Radius r sowie für eine gerade Linie der Länge l ! Muß die Linie gerade sein?

A3.3   Berechne die Werte ω_0, ω_1, ω_2, ω_3 anhand der Formel (3.20)!

A3.4   Bestimme die Flächendichte σ der Schatten einer Population konvexer Körper aus ihrer räumlichen Dichte ϱ!

A3.5   Löse die sechs Gleichungen (3.41) und (3.42) für die beiden Schnittdicken d_1 und d_2 nach den insgesamt sechs Unbekannten $\overline{V}, \overline{S}, \overline{M}, \varrho, d_1, d_2$ auf !

A3.6   Bestimme den Erwartungswert des Umfangs der orthogonalen Projektion des Einheitswürfels auf eine Ebene!

4 Radon-Integrale

4.1 Sehnenanzahl und Rekonstruktion von 2D-Objekten

4.1.1 Sehnenanzahl konvexer Figuren

Gegeben sei eine konvexe Figur K mit der in Abschnitt 1.2.1 eingeführten Stützfunktion $p(\varphi)$. Für jede Gerade $G = G(p,\varphi)$ soll entschieden werden, ob die Gerade die Figur trifft oder nicht (mit der binären Variablen $\sigma = 1$ oder $\sigma = 0$). Im Fall des Treffens, d.h. bei $K \cap G \neq \varnothing$, wird eine Strecke aus der Figur ausgeschnitten (bei Berührung entartet die Strecke zu einem Punkt). Wir können also für jedes Parametertupel (p,φ) einen Funktionswert $\sigma(p,\varphi)$ angeben, der nur eine der beiden Möglichkeiten 0 oder 1 annehmen kann, d.h. $\sigma(p,\varphi)$ ist eine binäre Funktion.

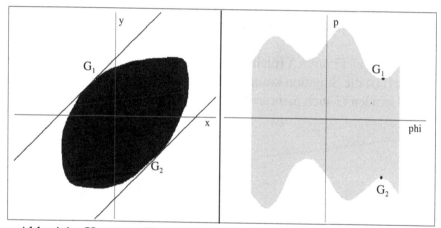

Abb. 4.1 - Konvexe Figur und Binärbild der Sehnenanzahl $\sigma(p,\varphi)$

In Abbildung 4.1 ist zu erkennen, daß für festgehaltenen Normalenwinkel φ der Geraden eine Sehne nur für einen Stützabstand p in den Grenzen $p_2 = p_{\min} \leq p \leq p_{\max} = p_1$ auftritt. Nur für Geraden, die zwischen den beiden begrenzenden Stützgeraden G_1 und G_2 liegen, kann es zu einem Schnitt kommen, so daß sich insgesamt das in Abbildung 4.1 gezeigte Binärbild der Sehnenanzahl $\sigma(p,\varphi)$ ergibt.

Eine interessante Frage ist, ob man umgekehrt aus der Funktion $\sigma(p,\varphi)$ die originale konvexe Figur wieder rekonstruieren kann. Es ist klar, daß die obere (bzw. die untere) Begrenzungslinie des Bildes $\sigma(p,\varphi)$ die Stützgeraden der gesuchten konvexen Figur liefern. Jeder

Punkt (p,φ) der Begrenzungslinie bestimmt mit

$$x \cdot \cos\varphi + y \cdot \sin\varphi = p$$

eine Stützgerade, und die Einhüllende aller dieser Stützgeraden ergibt den Rand der konvexen Figur. Nach Abschnitt 1.2.1 gilt

$$x = p\cos\varphi - p'\sin\varphi$$
$$y = p\sin\varphi + p'\cos\varphi$$

für die Koordinaten (x,y) der Randpunkte (siehe Formel (1.3)). Wir müssen also für jeden Punkt (p,φ) der Begrenzungslinie noch den Anstieg $p' = dp/d\varphi$ numerisch ermitteln und erhalten dann aus p,φ und p' den entsprechenden Randpunkt der Figur.

4.1.2 Sehnenanzahl beliebiger Figuren

Bei beliebigen Figuren X (nicht konvex, nicht zusammenhängend, nicht lochfrei) ist die Situation komplizierter. Dann können beim Schnitt mit einer Geraden G auch mehrere Sehnen auftreten (siehe Abbildung 4.2).

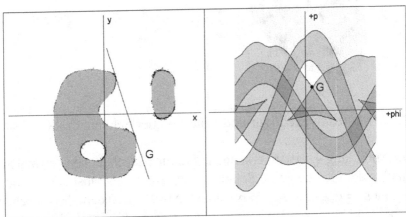

Abb. 4.2 - Detektion der Begrenzungslinien im Bild der Sehnenanzahlen und Bestimmung der Randpunkte des Originalbildes

In diesem Fall entsteht statt eines Binärbildes ein $(n+1)$-wertiges Bild $\sigma(p,\varphi)$, wobei n die maximal mögliche Sehnenanzahl ist. Die abrupten Übergänge im Bild der Sehnenanzahlen (die dunklen Linien im rechten

Teil der Abbildung 4.2) kennzeichnen auch jetzt wieder Geraden, die Tangenten des Figurenrandes sind.

Für alle schwarz gekennzeichneten Punkte der Funktion der Sehnenanzahlen läßt sich im rechten Teil der Abbildung 4.2 der Anstieg $p' = dp/d\varphi$ mehr oder weniger genau ermitteln (manchmal kann p' auch verschiedene Werte annehmen), so daß aus Formel (1.3) die Randpunkte der Figur folgen. Die auf diese Weise berechneten Punkte sind im linken Teil der Abbildung 4.2 eingetragen. Wie man erkennen kann, ist also eine einigermaßen zufriedenstellende Rekonstruktion der Originalfigur möglich.

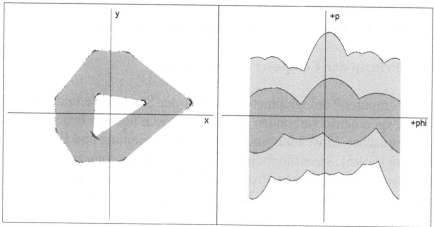

Abb. 4.3 - Zur Detektion der Eckpunkte bei Polygonen

Methodische Schwierigkeiten treten lediglich bei polygonalen Objekten auf (siehe dazu Abbildung 4.3: das polygonförmige Objekt besitzt leicht gerundeten Ecken). Die Begrenzungslinien sind in diesem Fall stückweise aus Teilen von trigonometrischen Funktionen zusammengesetzt, und jeder trigonometrische Bogen liefert theoretisch nur einen einzigen Eckpunkt der Figur. Für die Rekonstruktion der Originalfigur aus den gefundenen Eckpunkten sind im allgemeinen jedoch noch weitere Überlegungen notwendig.

Die Rekonstruktion einer konvexen Figur K anhand des Bildes der Sehnenanzahlen, des sogenannten Z-Bildes, ist prinzipiell identisch mit der Rekonstruktion von K aus ihren Schattenlinien: Die Lage der Schattenlinie bei orthogonaler paralleler Beleuchtung aus Richtung φ entspricht den Werten 1 des Z-Bildes für den Winkel $\varphi+\pi/2$. Während man aber allein aus den Schattenlängen einer konvexen Figur (bzw. aus ihren Breiten) die Figur nicht eindeutig rekonstruieren kann (siehe dazu die Figuren konstanter Breite in Abbildung 1.4), ist das bei Kenntnis der Lage der Schattenlinien möglich.

Die Tatsache, daß die obere und untere Begrenzungslinie eines Radon-Bildes (siehe Abbildung 4.7) dazu benutzt werden können, die konvexe Hülle des abgebildeten Objektes zu bestimmen, ist bereits 1988 angegeben worden [Mu88]. Diese Idee wurde erneut im Jahre 2000 aufgegriffen [Le00].

4.2 Radon-Transformation und Rückprojektion

4.2.1 Prinzip der Computer-Tomographie

Die Computer-Tomographie ist eng mit der Stereologie und mit der Konvexgeometrie verbunden und ein praktisch überaus bedeutsames medizinisches Anwendungsgebiet der Bildgewinnung und Bildverarbeitung [Ga95]. Sie ermöglicht den Blick ins Körperinnere, wobei im Gegensatz zur einfachen Projektionsmethodik der Röntgenuntersuchung jetzt „Schnittebenen" durch den Körper berechnet werden.

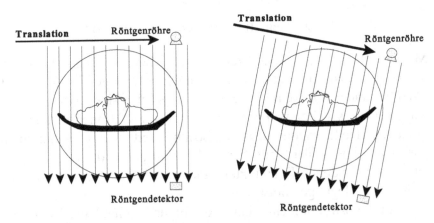

Abb. 4.4 - Prinzip der parallelen Röntgendurchstrahlung

Ausgangspunkt bei der Computertomographie ist die Messung der Absorption von Röntgenstrahlen. Es wird aber kein zweidimensionales

Bild erzeugt (z.B. das des von vorn durchstrahlten Brustkorbs), sondern nur ein eindimensionales Bild durch ein linienförmiges Bündel von Röntgenstrahlen. Dieses sogenannte P-Bild kann beispielsweise entstehen, indem der Kopf eines Patienten nur in einer durch Nasenspitze und Ohrläppchen festgelegten Ebene von vorn durchleuchtet wird. Gemessen wird dabei die Absorption jedes einzelnen der (100 oder 256 oder 1000) Röntgenstrahlen, d.h. das Verhältnis der Intensität I der auf der entgegengesetzten Kopfseite empfangenen Röntgenstrahlung zur ursprünglich ausgestrahlten Intensität I_0. In der Abbildung 4.4 ist schematisch dargestellt, wie die Durchstrahlung mittels Kombination von Translation und Rotation der Röntgenquelle vorgenommen wird.

Das entstehende P-Bild ermöglicht noch keine Aussage über die Absorptionskoeffizienten, die in den einzelnen Orten der durch Nasenspitze und Ohrläppchen festgelegten Ebene vorliegen. Wenn jedoch die Durchstrahlung aus vielen Richtungen φ vorgenommen wird, so erhält man schließlich doch eine zweidimensionale Gesamtheit von Meßergebnissen $I(p,\varphi)$. Dabei braucht man von den beiden Richtungen φ und $\varphi+\pi$ natürlich nur eine zu untersuchen.

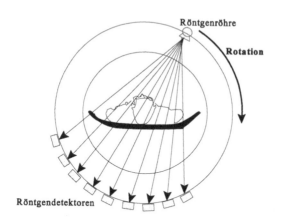

Abb. 4.5 - Durchstrahlung beim Fächerstrahl-Scanner

Beim sogenannten Fächerstrahl–Scanner (*fan-beam*) rotiert auf der gegenüberliegenden Seite das mit der Röntgenquelle fest verbundene Detektorfeld (etwa 500-1000 Einzeldetektoren, siehe Abbildung 4.5). Die Strahlung kann bei diesem System an- und abgeschaltet werden, um die verschiedenen Projektionen (die Resultate für verschiedene Rotationswinkel φ) zu gewinnen (oder aber man arbeitet mit kontinuierlicher Strahlung und schaltet die der Röntgenröhre gegenüberliegenden Detektoren an und aus). So wird eine Aufnahmezeit im Sekundentakt ermöglicht.

4.2.2 Absorption der Röntgenstrahlen

Falls an der Stelle (x,y) des durchstrahlten Gebietes (siehe Abbildung 4.6) ein Absorptionskoeffizient $f(x)$ vorliegt – wir halten die andere Koordinate y konstant – so ist die Schwächung dI des Röntgenstrahles an dieser Stelle durch die Beziehung

$$dI = -f(x) \cdot I(x) \cdot dx$$

gegeben. Die differentielle Schwächung dI ist also proportional zum Produkt aus der an der Stelle (x,y) noch vorhandenen Intensität $I(x)$ der Strahlung und der durchstrahlten Weglänge dx.

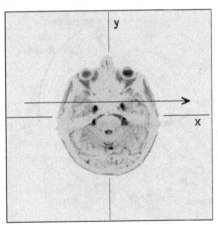

Abb. 4.6 - Durchstrahlung eines Kopfes in X-Richtung

Der Proportionalitätsfaktor wird durch den an der Stelle x vorhandenen Absorptionskoeffizienten $f(x)$ des Gewebes festgelegt. Und da es sich um eine Schwächung der Röntgenstrahlung handelt, muß das negative Vorzeichen vorhanden sein.

Die gesamte Schwächung des Röntgenstrahles von der ursprünglichen Intensität I_0 an der Eintrittsstelle (x_0, y) bis auf die Intensität $I_a = I(x_a)$ an der Austrittstelle (x_a, y) findet man durch Integration längs des durchstrahlten Weges:

$$-\int_{I_0}^{I_a} \frac{dI}{I} = \int_{x_0}^{x_a} f(x)\, dx \quad \text{bzw.} \quad -\ln \frac{I_a}{I_0} = \int_{x_0}^{x_a} f(x)\, dx = L \quad (4.1)$$

Da stets $I_a < I_0$ sein wird, ist der hier definierte Wert L des Integrals über die Absorptionskoeffizienten $f(x)$ stets positiv. Die Werte L können nun für jede beliebige Gerade $G(p, \varphi)$ gemessen werden. Wenn die Gerade, d.h. der jeweilige Röntgenstrahl, den Kopf nicht trifft, gilt mit $I_a = I_0$ stets $L = -\ln(1) = 0$ (die Absorptionskoeffizienten $f(x)$ außerhalb des Kopfes werden als verschwindend gering angenommen). In den Fällen, wo die Gerade durch den Kopf verläuft, ist die gemessene Intensität I_a umso kleiner, je mehr absorbierendes Material durchstrahlt wird und je größer die Absorptionskoeffizienten sind. Entsprechend weist dann $L(p, \varphi)$ höhere Zahlenwerte auf.

Im allgemeinen werden die Röntgenstrahlen nicht nur parallel zur X-Achse verlaufen, sondern (festgelegt durch den Abstand p vom Nullpunkt des Koordinatensystems und durch den Normalenwinkel φ) entlang irgendeiner Geraden. Die Funktion $f(x,y)$ ist dann der „Röntgenschwächungskoeffizient in Abhängigkeit vom Ort (x,y) in einer Körperscheibe". Diese Funktion wird mittels Grauwerten nach der sogenannten Hounsfield-Skala dargestellt:

$$HE = \frac{f_{\text{objekt}} - f_{\text{wasser}}}{f_{\text{wasser}}} \cdot 1000 \quad . \tag{4.2}$$

Die Hounsfield-Skala repräsentiert die physikalische Massendichte der einzelnen Volumenelemente. Wasser gilt dabei als Referenz und besitzt einen Wert von 0 Hounsfield-Einheiten (HE). Für Luft sind es -1000 HE, für Fett etwa -100 HE (beide negativ!), für Weichteilgewebe 20-70 HE, für Knochen findet man ungefähr 200-400 HE, und für Metallimplantate ergeben sich über 1000 HE. Grob gesagt gilt für den material- und energieabhängigen Schwächungskoeffizienten die folgende „Faustregel": Je höher die Dichte ϱ eines Materials ist, desto stärker wird die Absorption sein (außerdem hängt sie auch noch von der Photonenenergie der verwendeten Röntgenstrahlen ab). In der medizinischen Praxis unterscheidet sich der Grad der Absorption je nach Gewebeart jedoch nur gering. Die folgende Tabelle listet einige Beispiele auf [He80].

Tabelle 4.1: Relative Röntgen-Schwächungskoeffizienten

Energie (keV)	Gehirn-flüssigkeit	Gehirn-zellen	chron. Hämatom	Hirntumor (Meningiom)	Brust-krebs	Knochen
41	0.260	0.265	0.266	0.269	0.288	0.999
52	0.222	0.226	0.228	0.227	0.241	0.595
60	0.207	0.210	0.212	0.213	0.220	0.416
84	0.181	0.183	0.184	0.184	0.190	0.265
100	0.171	0.174	0.175	0.175	0.179	0.208

4.2.3 Struktur der Radon-Transformierten

Vom mathematischen Standpunkt her handelt es sich bei der Verallgemeinerung der Formel (4.1) auf den zweidimensionalen Fall um eine spezielle Integraltransformation von Funktionen $f(x,y)$: Für jede Gerade $G(p,\varphi)$ wird das Integral $L(p,\varphi)$ über alle Werte $f(x,y)$ längs dieser Geraden gebildet (siehe Aufgabe 4.3):

$$L(p,\varphi) = \int\limits_{(x,y)\in G} f(x,y)\,ds =$$

$$= \int\limits_{-\infty}^{+\infty} f(p\cdot\cos\varphi - t\cdot\sin\varphi,\, p\cdot\sin\varphi + t\cdot\cos\varphi)\,dt \quad . \tag{4.3}$$

Wenn wir den Parameter p von null bis unendlich und den Parameter φ von 0 bis 2π laufen lassen, so ist $L(p,\varphi)$ eine auf der ganzen (p,φ)-Ebene definierte Funktion (siehe Abbildung 4.7). Die Transformation der Funktion $f(x,y)$ in die Funktion $L(p,\varphi)$ wird als Radon-Trans-formation bezeichnet. Sie wurde erstmals von Radon im Jahre 1917 beschrieben [Ra17].

Allerdings war Radon nicht der erste, der diese Problematik der inversen Transformation untersucht hat. Aufbauend auf einer Arbeit von Minkowski aus dem Jahre 1904 zeigte Paul Funk 1916, daß die durch Minkowski angegebene Rekonstruktion eindeutig ist [Mi04, Fu16]. Trotzdem wird Minkowski kaum jemals im Zusammenhang mit der Radon-Transformation erwähnt. Einer der wenigen Mathematiker, der Minkowski die gebührende Anerkennung zollte, ist Radon selbst, der in seiner diesbezüglichen grundlegenden Arbeit schreibt: „Min-kowski hat diese Aufgabe (gemeint ist die Inversion der sphärischen Transformation) im Prinzip zuerst behandelt und durch Entwicklung nach Kugelfunktionen gelöst."

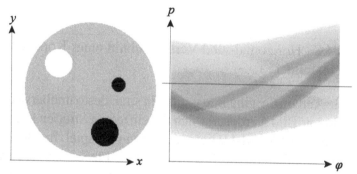

Abb. 4.7 - Links eine einfache Absorptionsfunktion $f(x,y)$ als Originalbild und rechts das Bild der Radon-Transfor-mierten $L(p,\varphi)$

Die praktische Aufgabe besteht nun darin, aus einer endlichen Anzahl von gemessenen $L(p,\varphi)$-Werten eine endliche Anzahl von $f(x,y)$-Werten zu berechnen und damit ein digitales Bild aufzubauen. Mathematisch gesprochen muß eine Inversion der Radon-Transformation durchge-führt werden:

$$L(p,\varphi) = \int\limits_{\substack{x\cos\varphi+\\y\sin\varphi=p}} f(x,y)\,dx\,dy = \mathbf{R}f \quad , \quad f = \mathbf{R}^{-1}L \quad . \tag{4.4}$$

Das in Abbildung 4.7 betrachtete Radon-Bild ist noch relativ einfach zu interpretieren: Ein isolierter kleiner dunkler Fleck wird sich zu einem dunklen Streifen in Form einer Winkelfunktion auseinander-ziehen und ein heller Fleck zu einem hellen Streifen. Dabei ist die Lage und die Amplitude des jeweiligen Streifens vom Ort des verursachen-den Fleckes abhängig.

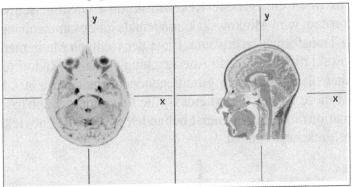

Abb. 4.8 - Horizontal- und Vertikalschnitt eines Kopfes (Originalbilder *f*)

Je mehr Flecken im Originalbild enthalten sind, desto unübersichtlicher wird das Radon-Bild werden, da sich die einzelnen Streifen überlagern. Die Abbildungen 4.8 und 4.9 liefern dafür ein Beispiel. Im Horizontal-schnitt eines Kopfes sind die Augen als dunkle Flecke deutlich erkenn-bar. Aber die den Augen entsprechenden dunklen Streifen sind in Abbildung 4.9 kaum mehr sicher zu identifizieren.

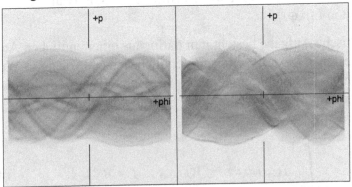

Abb. 4.9 - Radon-Bilder $L = \mathbf{R}f$ des Horizontal- und Vertikalschnittes

Beim Vertikalschnitt des Kopfes fehlen solche sehr prägnanten Strukturen fast völlig. Und so verwundert es nicht, daß man beim Betrachten der beiden in Abbildung 4.9 dargestellten Radon-Transformierten kaum eine reelle Chance hat, sich für das eine oder das andere Originalbild zu entscheiden.

Es gibt allerdings eine eingeschränkte Möglichkeit, diese Entscheidung treffen zu können. Wenn man davon ausgeht, daß die den Kopf umgebende Luft so gut wie keine Absorption der Röntgenstrahlen verursacht, dann kann man für jeden Winkel φ den extremalen Nullpunktabstand p_{extr} bestimmen, für den die Gerade $G(p_{extr},\varphi)$ den Kopf noch trifft. Zeichnet man alle diese Geraden in das Originalbild ein, so findet man als ihre Einhüllende die konvexe Hülle des Objektes (oder der Objekte) im Originalbild (siehe Kapitel 4.1).

4.2.4 Iterative Rückprojektion

Zunächst soll ein relativ einfaches Verfahren zur Bestimmung des Originalbildes aus dem Radon-Bild vorgestellt werden. Wenn nur ein einzelner kleiner dunkler Fleck als Objekt vorliegt (siehe dazu Abbildung 4.7), so wird sich im Radon-Bild ein schmaler dunkler Streifen in Form einer trigonometrischen Funktion herausbilden. Jeder Punkt (p,φ) dieses Streifens entspricht einer Geraden $G(p,\varphi)$ im Originalbild.

Der nichtverschwindende Funktionswert $L(p,\varphi)$ rührt im allgemeinen Fall daher, daß der der Geraden entsprechende Röntgenstrahl insgesamt so geschwächt wird, daß eben dieses Meßergebnis $L(p,\varphi)$ gefunden wird. Nur ist noch völlig unklar, wie das den Röntgenstrahl schwächende absorbierende Material in der Ebene des Originalbildes verteilt ist. Die „vernünftigste" Annahme ist, daß überall eine mittlere Absorption $\overline{f} = L/s$ vorliegt, wobei s die Länge des gesamten Weges innerhalb des Objektes ist (zur Erinnerung: außerhalb des Kopfes gibt es keine Absorption). Da wir jedoch das Objekt nicht kennen, wird der Integralwert $L(p,\varphi)$ längs eines Weges $G(p,\varphi) \cap C$ gleichmäßig verteilt, wobei C ein Gebiet ist, das das gesuchte Objekt mit Sicherheit enthält. Wenn wir diese Operation für alle Punkte (p,φ) des im Radon-Bild enthaltenen dunklen Streifens durchführen, so werden sich die entsprechenden Geraden $G(p,\varphi)$ im Originalbild mehr oder weniger exakt am

Ort des dunklen Objektes treffen. Dort werden viele Mittelwerte $\overline{f}$ einander überlagert, so daß sich an dieser Stelle ein verwaschener dunkler Fleck herausbilden wird. Man bezeichnet diese Methode als „homogene Rückprojektion" oder auch als *homogeneous back projection*.

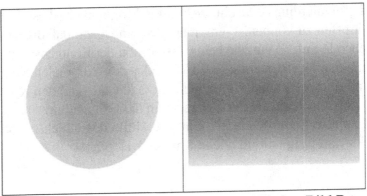

Abb. 4.10 - Rückprojiziertes Bild B_1 und Radon-Bild R_1

Bei „echten" Radon-Bilder wird sich auf diese Weise sicherlich kein zufriedenstellendes Resultat ergeben. Für das linke Radon-Bild R aus Abbildung 4.9 ist die Rückprojektion (formal durch den Operator **B** beschrieben) in dieser Form durchgeführt worden. Das Ergebnis $B_1 = \mathbf{B}R$ der Abbildung 4.10 (links) weist nur eine recht schwache Ähnlichkeit zum linken Original der Abbildung 4.8 auf. Lediglich die beiden dunklen Augen und eine Links-Rechts-Symmetrie sind mit viel Phantasie zu erkennen.

Trotzdem ist es verblüffend, daß man durch die mathematisch recht anspruchslose Rückprojektion überhaupt zu einem nicht völlig sinnlosen Resultat gelangt.In der Praxis kennt man das ursprüngliche Originalbild nicht und hat damit auch keinerlei Möglichkeit, die Güte der Rückprojektion einzuschätzen. Ein Vergleich ist lediglich dadurch möglich, daß man die Radon-Transformation (charakterisiert durch den Operator **R**) für das Bild B_1 mathematisch simuliert, d.h. das Radonbild $R_1 = \mathbf{R}(\mathbf{B}R)$ berechnet, das rechts in Abbildung 4.10 dargestellt ist. Die vorzeichenbehaftete Differenz $D_1 = R - R_1$ beider Radon-Bilder weist große positive und negative Abweichungen auf und demonstriert damit die völlig unzureichende Güte der Rückprojektion.

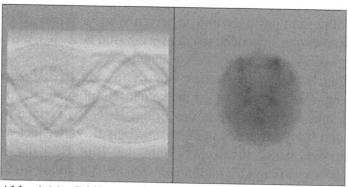

Abb. 4.11 - Differenzbild $D_1 = R - R_1$ (links) und rück transformiertes Differenzbild $\mathbf{B}D_1$ (rechts)

Aber man kann die Situation iterativ verbessern. In Abbildung 4.11 ist links diese Differenz $D_1 = R - R_1$ der beiden Radon-Bilder dargestellt, also die Differenz zwischen dem durch die Tomographie erhaltenen originalen Radon-Bild R und dem durch die Rückprojektion und Simulation rechnerisch erhaltenen Radon-Bild R_1.

Dabei soll ein mittlerer Grauwert Übereinstimmung bedeuten, hellere Grauwerte symbolisieren stärkere negative Abweichungen und dunklere Grauwerte kennzeichnen positive Fehlbeträge.

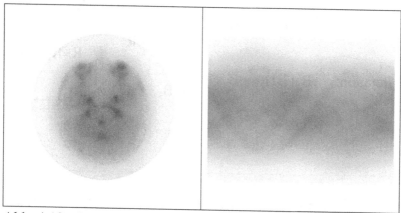

Abb. 4.12 - Iterativ verbessertes Bild B_2 und zugehöriges Radon-Bild R_2 (vergleiche mit Abbildung 4.10)

Das Differenzbild D_1 ist vom Charakter her wieder ein Radon-Bild, jetzt allerdings mit positiven und negativen Werten. Wenn man darauf die Rückprojektion anwendet, erhält man ein Bild $\mathbf{B}(R-R_1)$, das wieder dem Originalbild in gewisser Weise ähnelt.

Allerdings bedeuten hier hellere Grauwerte „negative Absorptionskoeffizienten" – etwas, was nur mathematisch möglich ist. Aber die positiven und negativen Werte des Bildes $\mathbf{B}(R-R_1)$ können nun als Korrekturen für unser erstes Iterationsergebnis B_1 verwendet werden. Es ergibt sich daher in zweiter Stufe das Bild B_2, das bereits wesentlich besser dem Originalbild entspricht (Abbildung 4.12):

$$B_2 = B_1 + \mathbf{B}(R-R_1) \ .$$

In dieser Form können nun auch weitere Iterationen durchgeführt werden. Der gesamte Rechengang läßt sich mit Hilfe der beiden Operatoren $\mathbf{B}$ für die numerisch zu realisierende *iterative back projection* und R für die numerische Berechnung des Radon-Bildes folgendermaßen darstellen:

1.Iteration:	$\mathbf{B}R \rightarrow B_1$	$\mathbf{R}B_1 \rightarrow R_1$	$R-R_1 \rightarrow D_1$
2.Iteration:	$B_1 + \mathbf{B}D_1 \rightarrow B_2$	$\mathbf{R}B_2 \rightarrow R_2$	$R-R_2 \rightarrow D_2$
3.Iteration:	$B_2 + \mathbf{B}D_2 \rightarrow B_3$	$\mathbf{R}B_3 \rightarrow R_3$	$R-R_3 \rightarrow D_3$
	....	....	....

Die Iteration kann solange fortgeführt werden, bis keine weiteren wesentlichen Änderungen mehr auftreten, d.h. bis die Differenz des berechneten n-ten Radon-Bildes R_n zum ursprünglich gemessenen Radon-Bild R näherungsweise verschwindet.

Mit $D_n = 0$ wird auch $\mathbf{B}D_n = 0$ sein und damit $B_{n+1} = B_n = B$ folgen. In der Praxis wird man jedoch nur $D_n \approx 0$ erreichen, da sowohl bei der numerischen Berechnung des Radon-Bildes als auch bei der numerisch durchgeführten Rückprojektion stets Rundungsfehler auftreten.

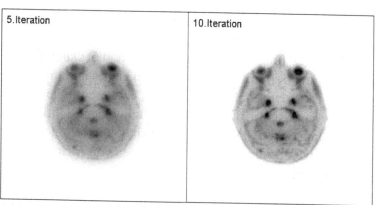

Abb. 4.13 - Ergebnis der 5. und 10. Iteration mittels *back projection*

Man kann also die Iteration beenden, wenn keine „spürbaren" Verbesserungen mehr auftreten. Die Abbildung 4.13 demonstriert anhand des Vergleichs der fünften und der zehnten Iterationsstufe mit dem „eigentlichen" Original aus Abbildung 4.8, welch gute Resultate mit Hilfe der *back projection* erhalten werden können.

Allerdings ist der dafür notwendige Rechenaufwand recht groß: Die Anzahl der Punkte der hier gezeigten Bilder sei größenordnungsmäßig N^2. Sowohl bei der numerischen Radon-Transformation als auch bei der Rückprojektion für jeden Bildpunkt des Radon-Bildes muß man eine Gerade mit etwa N Punkten durch das Objektbild legen.

Daher sind größenordnungsmäßig N^3 mehr oder weniger komplizierte Rechenoperationen für die Durchführung eines Iterationsschrittes notwendig (die hier gezeigten Beispiele erforderten etwa 3 Sekunden pro Iterationsschritt bei Verwendung eines Prozessors mit 1GHz Taktrate).

4.3 Radon-Bilder und Fourier-Transformation

4.3.1 Faltung und orthogonale Basisfunktionen

Es gibt eine Möglichkeit, die Inverse der Radon-Transformation (4.3) in mathematisch geschlossener Form zu bestimmen. Dazu wird die Fourier-Transformation eingesetzt.

Grundlage der Fourier-Transformation ist die Darstellung einer periodischen Funktion in Form einer Summenentwicklung (beispielsweise ausführlich dargestellt in [Vo93]). Die wesentliche Idee ist die Einführung von Basisfunktionen, die bezüglich der wichtigen Operation der „Faltung" gegenseitig orthogonal sind. Die zu untersuchenden Funktionen F werden als Linearkombinationen von N Basisfunktionen $B_0, \dots B_{N-1}$ betrachtet:

$$F = \sum_{n=0}^{N-1} f_n \cdot B_n \quad . \tag{4.6}$$

Als *Faltung F*G* innerhalb einer Menge von Funktionen wird die folgende Operation bezeichnet:

$$H = F * G = \sum_{k=0}^{N-1} f_k B_k * \sum_{l=0}^{N-1} g_l B_l = \sum_{n=0}^{N-1} h_n B_n \quad . \tag{4.7}$$

Die Faltung zweier Basisfunktionen ist wieder eine Funktion, die sich ebenfalls als Summe über die Basisfunktionen darstellen läßt:

$$B_k * B_l = \sum_{n=0}^{N-1} c_n^{(k,l)} \cdot B_n \tag{4.8}$$

Hier sind die $c_n^{(k,l)}$ die Koeffizienten der resultierenden Funktion. Sie hängen von den Indizes k und l der beiden gefalteten Basisfunktionen ab. Wir erhalten also für die Faltung $F*G$ die Ausdrücke

$$\sum_{k=0}^{N-1} f_k \cdot B_k * \sum_{l=0}^{N-1} g_l \cdot B_l = \sum_{k=0}^{N-1} \sum_{l=0}^{N-1} f_k \cdot g_l \cdot B_k * B_l =$$

$$= \sum_{k=0}^{N-1} \sum_{l=0}^{N-1} \sum_{n=0}^{N-1} f_k \cdot g_l \cdot c_n^{(k,l)} \cdot B_n = \sum_{n=0}^{N-1} \left(\sum_{k=0}^{N-1} \sum_{l=0}^{N-1} f_k \cdot g_l \cdot c_n^{(k,l)} \right) \tag{4.9}$$

Auf Grund dieser Formel findet man wichtige Eigenschaften der Faltung:

Kommutativität	$F*G = G*F$
Assoziativität	$(F*G)*H = F*(G*H)$
Distributitivität	$F*(G+H) = F*G + F*H$

Wenn die Basisfunktionen B_n die Struktur einer orthogonalen Vektorbasis besitzen, d.h. durch

$$
\begin{aligned}
B_0 &= (1,0,0,...,0,0) \\
B_1 &= (0,1,0,...,0,0) \\
&\quad \cdot \quad \cdot \quad \cdot \quad \cdot \\
B_{N-2} &= (0,0,0,...,1,0) \\
B_{N-1} &= (0,0,0,...,0,1)
\end{aligned}
$$

gegeben sind, dann gilt

$$
B_k * B_l = \begin{cases} B_k & \text{für } k = l \\ 0 & \text{für } k \neq l \end{cases} \quad \text{oder} \quad c_n^{(k,l)} = \begin{cases} 1 & \text{für } k = l \\ 0 & \text{für } k \neq l \end{cases} \tag{4.10}
$$

mit der Nullfunktion $0 = (0,0, ... ,0)$. In diesem Fall erhalten wir aus (4.7) das Ergebnis

$$
F * G = H = \sum_{n=0}^{N-1} h_n \cdot B_n \quad \text{mit} \quad h_n = \sum_{k=0}^{N-1} f_{n-k} \cdot g_k \; . \tag{4.11}
$$

Falls in dieser Formel negative Indizes auftreten, so kann man wegen der vorausgesetzten Periodizität der Funktionen stets f_{n-k} durch f_{n-k+N} ersetzen.

Zur Berechnung eines einzelnen Koeffizienten h_n nach Formel (4.11) sind N Multiplikationen und $N-1$ Additionen notwendig. Da insgesamt N Koeffizienten $h_0, ... h_{N-1}$ berechnet werden müssen, sind größenordnungsmäßig N^2 Rechenoperationen zur Berechnung des Resultates erforderlich. Man sagt, daß die Komplexität zur Berechnung der Faltung in diesem Fall von der Ordnung N^2 ist, in Zeichen $O(N^2)$.

Eine bessere Zeiteffektivität würde man erreichen, wenn für die Koeffizienten $c_n^{(k,l)}$ statt (4.10) die Beziehung

$$c_n^{(k,l)} = \begin{cases} 1 & \text{für } k = l = n \\ 0 & \text{sonst} \end{cases} \tag{4.12}$$

gültig wäre. Solche Strukturkonstanten $c_n^{(k,l)}$ erforderten dann nur $O(N)$ Additionen und Multiplikationen für die Berechnung eines Faltungsproduktes:

$$F * G = H = \sum_{n=0}^{N-1} h_n \cdot C_n \quad \text{mit} \quad h_n = f_n \cdot g_n \; . \tag{4.13}$$

Hier haben wir die (noch unbekannten) Basisfunktionen C_n gewählt, die die Bedingungen (4.12) erfüllen. Diese Basisfunktionen besitzen die Gestalt

$$C_n = \left(1, a^n, a^{2n}, \dots, a^{(N-1)n}\right) \; . \tag{4.14}$$

Wenn die beiden Bedingungen $a^N = a^0 = 1$ und $a^m \neq 1$ für $0 < m < N$ gelten, so ergibt sich

$$\sum_{k=0}^{N-1} a^{mk} = \begin{cases} \dfrac{a^{mN} - 1}{a^m - 1} = 0 & \text{für } m > 0 \\ \\ \qquad\quad = N & \text{für } m = 0 \end{cases} \tag{4.15}$$

Das nun noch zu lösende Problem ist, eine Größe a zu finden, die diese Bedingungen erfüllt. Für ganze rationale und irrationale Zahlen ist das nicht möglich. Aber mit komplexen Zahlen kann man die Bedingung (4.15) realisieren):

$$a = e^{2\pi i/N} \quad , \quad a^N = e^{2\pi i} = 1$$

$$a^m = e^{2\pi i \frac{m}{N}} = \cos(2\pi m/N) + i \cdot \sin(2\pi m/N) \tag{4.16}$$

Eine Vielzahl wichtiger Eigenschaften der Basisfunktionen findet man allein auf Grund der Forderung $a^N = 1$, in der wegen $a^{N+k} = a^N \cdot a^k = a^k$ auch die Periodizität zum Ausdruck kommt. Wir können die Koeffizienten f_n jeder periodischen Funktion $f = (f_0, f_1, \dots, f_{N-1})$ als Summe über die Koeffizienten der Basisfunktionen C_k darstellen:

$$f = \frac{1}{\sqrt{N}} \sum_{k=0}^{N-1} \varphi_k C_k \quad , \quad f_n = \frac{1}{\sqrt{N}} \sum_{k=0}^{N-1} \varphi_k a^{nk} \tag{4.17}$$

$$n = 0,1,\dots,N-1$$

Wenn wir die N Gleichungen für die f_n mit a^{-nl} multiplizieren und über alle n addieren, ergibt sich

$$\sum_{n=0}^{N-1} f_n a^{-nl} = \frac{1}{\sqrt{N}} \sum_{k=0}^{N-1} \varphi_k \sum_{n=0}^{N-1} a^{n(k-l)} =$$

$$= \frac{1}{\sqrt{N}} \sum_{k=0}^{N-1} \varphi_k N \delta_{k-l} = \sqrt{N}\, \varphi_l \; .$$

Wird in dieser Gleichung der Index l durch den Index k ersetzt, so folgt

$$\varphi_k = \frac{1}{\sqrt{N}} \sum_{n=0}^{N-1} f_n a^{-nk} \quad \text{für } 0 \le k \le N-1 \; . \tag{4.18}$$

Das sind – zusammen mit (4.17) – die Formeln, die den Zusammenhang zwischen den Werten f_n und den φ_k liefern. Die Transformation von Funktionen entsprechend den N Gleichungen aus (4.17) wird als *Fourier-Rücktransformation* $f = F^{-1}(\varphi)$ bezeichnet, da man die Funktionskoeffizienten f_n aus den Fourier-Koeffizienten φ_k zurückgewinnt. Wenn man Funktionen entsprechend den Gleichungen (4.18) transformiert werden, sprechen wir von einer *Fourier-Transformation* $\varphi = F(f)$. Durch eine zweifach angewendete Fourier-Transformation entsprechend

$$\psi_l = \frac{1}{\sqrt{N}} \sum_{k=0}^{N-1} \varphi_k a^{-kl} = \frac{1}{N} \sum_{k=0}^{N-1} \sum_{n=0}^{N-1} f_n a^{-k(n+l)} = f_{-l} \tag{4.19}$$

wird nicht wieder die Funktion f selber, sondern die am Nullpunkt gespiegelte Funktion f^s mit den Koeffizienten $f_{-n} = f_{N-n}$ erzeugt.

4.3.2 Fourierreihen und Fouriertransformation

Die in der Praxis auftretenden Funktionen, die diesen Transformationen unterworfen werden, sind im allgemeinen Funktionen mit reellen Koeffizienten f_n. Daß die Imaginärteile verschwinden, vereinfacht lediglich manche Rechnungen. Da nämlich für die konjugiert-komplexen Größen $(a^k)^*$ die Beziehung

$$\left(a^k\right)^* = \left(e^{2\pi i \frac{k}{N}}\right)^* = e^{-2\pi i \frac{k}{N}} = a^{-k}$$

gilt, erhält man für reellwertige Funktionen mit $(f_n)^* = f_n$ die Eigenschaft

$$\varphi_{N-k} = \frac{1}{\sqrt{N}} \sum_{n=0}^{N-1} f_n\, a^{-n(N-k)} = \varphi_k^*$$

$$= \frac{1}{\sqrt{N}} \sum_{n=0}^{N-1} f_n\, a^{nk} = \left(\frac{1}{\sqrt{N}} \sum_{n=0}^{N-1} f_n\, a^{-nk}\right)^* = \varphi_k^*$$

(4.20)

so daß nur die Hälfte aller Fourierkoeffizienten tatsächlich zu berechnen sind.

Für die Bildverarbeitung läßt sich die gesamte bisher entwickelte Theorie fast ungeändert auch auf das Zweidimensionale übertragen. Wir können eine zweidimensionale diskrete periodische Funktion durch den Ansatz

$$f_{nm} = \frac{1}{\sqrt{N}}\, \frac{1}{\sqrt{M}} \sum_{k=0}^{N-1} \sum_{l=0}^{M-1} \varphi_{kl}\, a_1^{nk} a_2^{ml}$$

darstellen, wenn wir mit den Forderungen

$$a_1^{\,N} = 1 \quad \text{und} \quad a_2^{\,M} = 1$$

die doppelte Periodizität erzwingen. Wegen

$$f_{nm} = \frac{1}{\sqrt{N}} \sum_{k=0}^{N-1} e^{\frac{2\pi\, i\, nk}{N}} \frac{1}{\sqrt{M}} \sum_{l=0}^{M-1} \varphi_{kl}\, e^{\frac{2\pi\, i\, ml}{M}} = \frac{1}{\sqrt{N}} \sum_{k=0}^{N-1} \psi_{kn}^{(m)}\, e^{\frac{2\pi\, i\, nk}{N}}$$

läßt sich die zweidimensionale Fourier-Rücktransformation separieren, d.h. in zwei aufeinanderfolgende eindimensionale Transformationen zerlegen. Analoges gilt auch für die Fourier-Transformation selbst. Wir können in einem Grauwertbild also zuerst die Zeilen transformieren. Für die m-te Bildzeile erhalten wir die komplexwertigen Zwischen-funktionen $\psi^{(m)}$, aus denen dann durch spaltenweise Fourier-Trans-formation die gesuchten Koeffizienten φ_{kl} folgen.

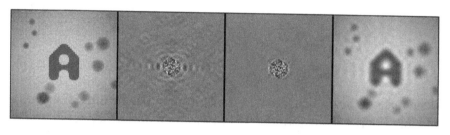

Abb. 4.14 - Originalbild (1), Realteil der Fouriertransformierten (2), begrenzter Realteil (3) und Rücktransformierte (4)

In der Abbildung 4.14 wurde das zweidimensionale Fourier-Spektrum (das heißt, die Gesamtheit der Fourier-Koeffizienten φ_{kl}) berechnet. Dargestellt ist aber nur der Realteil der φ_{kl} (große positive φ-Werte sind dunkel, große negative φ-Werte hell, der Fourier-Koeffizient φ_{00} liegt im Mittelpunkt des Bildes). Das Bild der Imaginärteile sieht von seiner allgemeinen Struktur her weitgehend ähnlich aus. Wenn man die hohen Frequenzen unterdrückt, also die weiter vom Bildmittelpunkt entfernten Koeffizienten auf Null setzt, so reduziert sich der Speicher-bedarf erheblich. Aber die Rücktransformation liefert dann erwartungs-gemäß ein verschmiertes Bild, in dem zwar das Rauschen im Sinne einer Bildverbesserung vermindert wurde, die Kanten aber wesentlich schlechter rekonstruiert sind als im Original.

4.3.3 Inverse Radon-Transformation

Nun kehren wir wieder zur Radon-Transformation zurück. Die (im Unterschied zur im Kapitel 4.2 beschriebenen iterativen Lösung) direkte Invertierung der Radon-Transformierten geschieht über die Fourier-Integrale, die als aufs Kontinuierliche ausgedehnte Fourier-Reihen zu verstehen sind. Für die Fouriertransformierte $\Lambda(k,\varphi)$ der Meßfunktion $L(p,\varphi)$ gilt

$$\Lambda(k,\varphi) = \frac{1}{\sqrt{2\pi}} \int\limits_{-\infty}^{\infty} L(p,\varphi)\, e^{ipk} dp$$

$$L(p,\varphi) = \frac{1}{\sqrt{2\pi}} \int\limits_{-\infty}^{\infty} \Lambda(k,\varphi)\, e^{-ipk} dk \tag{4.21}$$

wenn man nur bezüglich p bzw. k transformiert. Die Bildfunktion $f(x,y)$ und ihre Fourier-Transformierte $F(u,v)$ werden durch Doppelintegrale beschrieben:

$$F(u,v) = \left(\frac{1}{\sqrt{2\pi}}\right)^2 \int\limits_{-\infty}^{\infty} \int\limits_{-\infty}^{\infty} f(x,y)\, e^{i(ux+vy)}\, dx\, dy$$

$$f(x,y) = \left(\frac{1}{\sqrt{2\pi}}\right)^2 \int\limits_{-\infty}^{\infty} \int\limits_{-\infty}^{\infty} F(u,v)\, e^{-i(ux+vy)}\, du\, dv \tag{4.22}$$

Die Funktion $F(u,v)$ der Fourier-Ebene kann auch in Polarkoordinaten dargestellt werden, indem wir

$$u = k\cos\varphi \quad , \quad v = k\sin\varphi$$

setzen bzw. $(u,v) = \text{cartesian}(k,\varphi)$ und $(k,\varphi) = \text{polar}(u,v)$. Die Fourier-Transformierte $F(u,v)$ ist dann

$$F(u,v) = F_{\text{polar}}(k,\varphi) =$$

$$= \frac{1}{2\pi} \int\limits_{-\infty}^{\infty} \int\limits_{-\infty}^{\infty} f(x,y)\, e^{\,i\,k\,(x\cos\varphi\,+\,y\sin\varphi)}\, dx\, dy \quad . \tag{4.23}$$

Wenn wir jetzt mit Hilfe der Substitution

$$x' = x\cos\varphi + y\sin\varphi \quad , \quad y' = -x\sin\varphi + y\cos\varphi$$

von den Integrationsvariablen x und y zu den neuen Integrationsvariablen x' und y' übergehen, finden wir

$$F(u,v) = F_{\text{polar}}(k,\varphi) = \frac{1}{2\pi} \int\limits_{-\infty}^{\infty} \int\limits_{-\infty}^{\infty} f_{\varphi}(x',y')\, e^{\,i\,kx'}\, dx'\, dy'$$

$$= \frac{1}{2\pi} \int\limits_{-\infty}^{\infty} \left[\int\limits_{-\infty}^{\infty} f_{\varphi}(x',y')\, dy' \right] e^{\,i\,kx'}\, dx' = \tag{4.24}$$

$$= \frac{1}{2\pi} \int\limits_{-\infty}^{\infty} L(x',\varphi)\, e^{\,i\,kx'}\, dx'$$

wobei wir das innere Integral über y' als neue Funktion $L(x',\varphi)$ eingeführt haben. Diese Funktion ist aber nichts anderes als das Linienintegral auf einer zur Y'-Achse im Abstand $p = x'$ parallelen Geraden, so daß wir

$$F(u,v) = F_{\text{polar}}(k,\varphi) = \frac{1}{\sqrt{2\pi}}\, \Lambda(k,\varphi) \tag{4.25}$$

erhalten. Dabei ist $\Lambda(k,\varphi)$ die in (4.21) eingeführte Fourier-Transformierten $\Lambda(k,\varphi)$ der Meßfunktion $L(p,\varphi)$. Diese Formel charakterisiert das für die Computer-Tomographie wichtige „Fourier-Scheiben-Theorem" (*Fourier slice theorem*), das wegen $F(u,v) = F_{\text{polar}}(k,\varphi)$ in der Form

$$F(u,v) \;=\; \frac{1}{\sqrt{2\pi}}\; \Lambda(k,\varphi) \;=\; \frac{1}{\sqrt{2\pi}}\; \Lambda(\mathrm{polar}(u,v)) \qquad (4.26)$$

den direkten Zusammenhang zwischen der (eindimensionalen) Fourier-Transformierten $\Lambda(k,\varphi)$ der Meßfunktion $L(p,\varphi)$ und der (zweidimensionalen) Fourier-Transformierten $F(u,v)$ der Absorptionsfunktion $f(x,y)$ herstellt [Na86]. Die numerische Rechnung verläuft folgendermaßen (siehe Abbildung 4.15):

– Aus dem Originalbild f wird mit Hilfe eines Computer-Tomographen (gegebenenfalls durch Umrechnung der polaren Durchstrahlung in parallele Durchstrahlung – siehe dazu Abschnitt 4.2.1) das Radon-Bild $\mathbf{R}(f) = L(p,\varphi)$ erhalten.

– Wir führen für jede der (endlich vielen diskreten) Durchstrahlungsrichtungen φ die Fourier-Transformation bezüglich p durch, und erhalten aus dem reellen Bild $L(p,\varphi)$ das komplexwertige Bild $\Lambda(k,\varphi)$.

– Aus dem Bild $\Lambda(k,\varphi)$ konstruieren wir das komplexwertige Bild $F(u,v)$, indem wir für jedes einzelne der Wertepaare (u,v) der Koordinaten das zugehörige Wertepaar $(k,\varphi) = \mathrm{polar}(u,v)$ bestimmen und den Wert $\Lambda(k,\varphi)$ an die Stelle (u,v) des Bildes $F(u,v)$ eintragen (dabei muß natürlich interpoliert werden).

– Schließlich liefert die übliche zweidimensionale Fourier-Rücktransformation aus $F(u,v)$ das gesuchte Absorptionsbild $f_{\mathrm{rek}}(x,y)$, das weitgehend dem Originalbild $f(x,y)$ entspricht (hier ist nur der Realteil des Absorptionsbildes angegeben).

In der Praxis kennen wir das Originalbild nicht. Man kann deshalb für das Resultat $f_{\mathrm{rek}}(x,y)$ eine numerische Radon-Transformation durchführen und erhält das Radonbild $\mathbf{R}(f_{\mathrm{rek}}(x,y))$. Ein Vergleich mit dem gemessenen Bild $\mathbf{R}(f)$ zeigt, daß die Rekonstruktion recht erfolgreich war. Falls erforderlich, kann man schließlich noch eine iterative Verbesserung vornehmen (siehe Abschnitt 4.2.4).

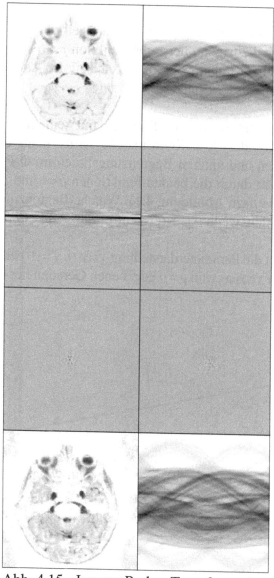

Abb. 4.15 - Inverse Radon-Transformation
oben: Original f, Radonbild $L=\mathbf{R}(f)$,
        $\mathrm{Re}(\Lambda)$, $\mathrm{Im}(\Lambda)$
unten: $\mathrm{Re}(F(u,v))$, $\mathrm{Im}(F(u,v))$,
        Rekonstruktion f_{rek}, Radonbild $\mathbf{R}(f_{\mathrm{rek}})$

4.4 Aufgaben

A4.1 Ein Bogen der Figur im rechten Teil der Abbildung 4.3 sei durch die trigonometrische Funktion $p = a \cdot \sin(\varphi + \alpha)$ gegeben. Welchem Punkt (x,y) im linken Teil der Abbildung 4.3 entspricht dieser Bogen?

A4.2 Wenn ein Kreis vom Radius r mit seinem Zentrum im Ursprung des X-Y-Koordinatensystems liegt, dann sind die oberen und unteren Begrenzungslinien im Φ-P-Koordinatensystem durch die beiden Funktionen $p = r$ und $p = -r$ gegeben (siehe dazu Abbildung 4.1). Welche Begrenzungslinien ergeben sich, wenn das Kreiszentrum im Punkt (a,b) liegt?

A4.3 Es ist die Parameterdarstellung $x = x(t)$, $y = y(t)$ einer in Normalform $x\cos\varphi + y\sin\varphi = p$ gegebenen Geraden herzuleiten.

5 Biographische Notizen

Es ist für das Verständnis der Integralgeometrie, der Stereologie und der Computer-Tomographie zwar nicht unbedingt notwendig, auch etwas über diejenigen zu wissen, die ihre Grundlagen geschaffen haben. Aber interessant ist es doch zu erfahren, wer wann was gedacht und getan hat, um die Mathematik wieder ein Stückchen weiter zubringen oder um etwas Mathematik in die praktische Arbeit hineinzutragen (siehe auch [Cr03]).

Auffällig ist, daß es keine weiblichen Stereologen oder Integralgeometer gibt. Hat das etwas mit Hormonen zu tun? Und außerdem habe ich kaum jemand gefunden – vielleicht abgesehen von Sántalo und Blaschke – der sein ganzes Leben dieser Thematik verschrieben hätte. Die meisten der in den folgenden biographischen Skizzen aufgeführten Wissenschaftler haben sich nur „unter anderem" irgendwann einmal mit Konvexität und Integralgeometrie beschäftigt.

Und weiter: Abgesehen von Wissenschaftlern wie Buffon, Cauchy oder Cavalieri muß man sehr suchen, um über das Leben von Integralgeometern etwas zu finden. Beispielgebend für diese Negativaussage sei Tommy Bonnesen genannt [Bo34]. Wenn man jedoch im Internet nach seiner Tochter, der Schauspielerin „Beatrice Bonnesen" sucht oder nach seinem Sohn, dem Journalisten „Merete Bonnesen", dann wird man schnell fündig. Ist das „gerecht"?

Abercrombie, Michael

Abercrombie wurde am 14. August 1912 in Gloucestershire/England geboren (siehe die ausführliche Biographie in [Be00]). Sein Vater war ein Dichter, und Michael neigte deshalb anfangs zum Studium der Geschichte. Doch dann interessierte er sich zunehmend mehr für die Zoologie, angeregt durch einen Artikel von Huxley, der betonte, daß *„biology was a very good thing"*. Deshalb studierte er dieses Fach an der Universität in Oxford und arbeitete danach in

Cambridge auf dem Gebiet der Embryologie (Untersuchung an den Schwann'schen Zellen). Ab 1938 hielt er Vorlesungen an der University of Birmingham und erkannte die Bedeutung quantitativer Messungen für biologische Untersuchungen.

Nach einem zwischenzeitlichen Aufenthalt von 1947 bis 1961 in London kehrte er 1962 wieder nach Birmingham zurück, wo er am 28. Mai 1979 starb. Die überwiegende Mehrzahl von Abercrombies Publikationen beschäftigt sich mit der Zellentwicklung und der Zellbewegung in Embryonen. Abercrombie ist auch Autor einer Serie von Büchern, die den Titel „New Biology" tragen und später die Grundlage für das Nachschlagewerk „Penguin Dictionary of Biology" wurden.

Ähnlich wie auch im Fall von Wicksell und anderen Wissenschaftlern ist Abercrombie außer auf seinem Spezialgebiet kaum noch bekannt. Lediglich eine kleine Arbeit zur Zellzählung wird von den Stereologen immer noch zitiert [Ab46] und ist Ausgangspunkt aller Untersuchungen zur sogenannten Disector-Methode [St84].

Bach, Günter

Günter Bach wurde am 9. Oktober 1929 in Wetzlar geboren. Nachdem er an der Justus-Liebig-Universität in Gießen Mathematik studiert hatte, arbeitete er im Physiologischen Institut dieser Universität.

Hier war es auch, daß er die ersten Kontakte zur Stereologie fand und vom Wicksellschen Kugelproblem fasziniert wurde, das er anschaulich als „Tomatensalat-Problem" bezeichnete.

Bach erwarb mit seiner Dissertationsschrift „Über die Größenverteilung von Kugelschnitten in durchsichtigen Schnitten endlicher Dicke" 1958 an der Gießener Universität den Doktortitel in Mathematik.

Danach publizierte er eine Reihe von Arbeiten zu dieser Fragestellung, wobei er insbesondere eine nichtverschwindende Schnittdicke voraussetzte und dadurch eine modifizierte Integralgleichung erhielt [Ba58]. Im Jahre 1960 wechselte Bach zum Mathematischen Institut der Technischen Universität Braunschweig. Ein Jahr später wurde er bei einem Treffen im Schwarzwald Mitbegründer der Internationalen Gesellschaft für Stereologie. Bach habilitierte sich in Braunschweig und wurde dort auch 1969 zum Professor berufen. In dieser Zeit beschäftigte er sich mit Problemen der Integralgeometrie und der Stereologie [Ba63, Ba64, Ba65].

Im Jahre 1978 übernahm er den Lehrstuhl für Angewandte Mathematik und Statistik der Universität Hohenheim (Stuttgart), wo er sich der Analysis und ihren Anwendungen in Biologie und Wirtschaftswissenschaften widmete. Bach blieb in Hohenheim bis zu seiner Emeritierung im Jahre 1994.

Auf dem 9. Internationalen Kongreß für Stereologie in Kopenhagen wurde er 1995 zum Ehrenmitglied der ISS, der *International Society of Stereology*, ernannt. Leider konnte er sich seiner Familie und seinem Hobby, der Astronomie, nur noch wenige Jahre widmen, denn am 30. November 1998 verstarb er plötzlich und unerwartet an einem Herzanfall.

Baddeley, Adrian John

Baddeley wurde am 25. Mai 1955 in Melbourne geboren. Von 1967 bis 1972 besuchte er die Eltham High School in Melbourne und studierte dann bis 1976 Mathematik und Statistik an der Australian National University in Canberra. Im Jahre 1980 promovierte er auf dem Gebiet der stochastischen Geometrie, arbeitete danach am Trinity College in Cambridge an der University of Bath in England. Von 1985 bis 1988 war Baddeley in der Forschung des CSIRO Division of Mathematics in Sydney beschäftigt. In den Jahren 1988 bis 1994 leitete er eine Forschungsgruppe am Centre for Mathematics and Computer Science in Amsterdam. Seit 1994 ist Baddeley Professor für Statistik an der University of Western Australia in Perth. Der Schwerpunkt seiner Forschungsarbeit liegt auf den Gebiet der Stochastischen Geometrie und deren Anwendungen (besonders Stereologie und Bildanalyse) sowie der statistischen Software.

Barbier, Joseph Emile

Barbier wurde am 18. März 1839 in St Hilaire-Cottes in Frankreich geboren. Als Sohn eines Soldaten war seine mathematische Begabung und sein Interesse für dieses Gebiet sicherlich etwas außergewöhnlich. Sie zeigte sich sowohl in der Grundschule als auch später im Collège de St.Omer. Deshalb wechselte er an die spezielle mathematische Abteilung des Lyzeums „Henri IV" und legte die Aufnahmeprüfungen ab für die École Normale Supérieure, wo er 1857 zu studieren begann. Seit 1860 arbeitete er dann als Lehrer in Nizza. Aber sein scharfer Verstand und die Unterforderung, als die er den mathematischen Elementarunterricht empfand, ließen ihn nicht zu einem guten Lehrer werden. Doch sein Ruf als Mathematiker war schon bis Paris gedrungen, und so bot ihm der Astronom Le Verrier eine Stelle am Pariser Observatorium an. Für einige Jahre arbeitete er hier und erwies sich als geschickter Beobachter und als talentierter Rechner, wovon fast zwei Dutzend wissenschaftlicher Schriften Zeugnis ablegen (hauptsächlich auf dem Gebiet der sphärischen Geometrie).

1865 beendete er seine Arbeit am Observatorium, denn auch hier hatte er schließlich nicht den rechten Zugang zu einer fruchtbaren Verbindung zwischen täglichem Leben und mathematischen Entdeckerdrang gefunden. Er verlor jeglichen Kontakt zu seinen Freunden und Kollegen. Erst 1880 wurde er von dem Mathematiker Bertrand in einem Obdachlosen-Asyl in Charenton- St-Maurice entdeckt.

Bertrand, der zu dieser Zeit Sekretär der Académie des Sciences war, bemerkte, daß Barbier zwar psychisch ziemlich unstabil war, aber daß er doch noch seine besonderen mathematischen Fähigkeiten besaß. Deshalb ermutigte er Barbier, sich wieder der wissenschaftlichen Arbeit zu widmen. So konnte Barbier seine letzten Lebensjahre in einer angenehmen Umgebung verbringen.

Er schrieb in diesen Jahren zwischen 1882 und 1887 noch ein Dutzend Artikel, wobei er sich insbesondere der Integralrechnung, der Zahlentheorie und der Polyeder-Geometrie widmete. Auf diesem zuletzt genannten Gebiet wurde er auch bekannt durch sein Theorem, daß alle konvexen Figuren mit konstanter Breite B den gleichen Umfang $U = \pi \cdot B$ besitzen [Ba60]. Barbier starb am 28. Januar 1889 in St.Genest.

Bertrand, Joseph Louis-François

Bertrand 11. März 1822 in Paris geboren und starb dort am 5. April 1900. Er war seit 1856 Mathematikprofessor an der École Polytechnique. Er beschäftigte sich mit Zahlentheorie, Geometrie und Wahrscheinlichkeitsrechnung. Unter anderem übersetzte er die Arbeiten von Gauß über die Fehlertheorie und die Methode der kleinsten Quadrate ins Französische.

Seine eigenen Arbeiten faßte er 1888 im Buch „Calcul des probabilitiés" zusammen. Dort ist auch erstmals das nach ihm benannte Paradoxon erwähnt, das die erkenntnistheoretischen Schwierigkeiten mit den „kontinuierlichen Wahrscheinlichkeiten" demonstriert.

Das Kreissehnen-Paradoxon (siehe Abbildung 1.6) ist nur eines von mehreren Beispielen, die Widersprüche oder Sinnlosigkeiten in der Wahrscheinlichkeitsrechnung aufzeigen sollen. Sie alle haben ihren Grund darin, daß man nicht von einer richtig definierten Grundgesamtheit ausgeht oder daß man unterschiedliche Annahmen über die Ausgangsmenge machen kann.

Bertrand war ein Cousin von Jules Verne und half ihm bei der sachgerechten Schilderung mathematischer oder naturwissenschaftlicher Phänomene und Situationen. Er prüfte die Berechnungen von Jules Verne nach und verifizierte die Exaktheit der Kurven, welche die Bahn des Geschosses von „De la Terre à la Lune" definieren.

Blaschke, Wilhelm Johann Eugen

Wilhelm Blaschke, geboren am 13. September 1885 in Graz, war der Sohn von Josef Blaschke, der als Professor für Deskriptive Geometrie an der Landesoberrealschule in Graz wirkte. Josef Blaschke betonte in seiner Forschung und Lehre den Steinerschen Zugang zur Mathematik, der stark geometrisch geprägt war. So beeinflußte er auch seinen Sohn Wilhelm, auf geometrischem Gebiet in der Mathematik zu arbeiten.

Wilhelm Blaschke studierte zuerst ab 1903 an der Technischen Hochschule in Graz (Bauingenieurwesen) und dann in Wien, wo er im Jahre 1908 promovierte. Danach erfüllte er sich seinen Wunsch, bei den führenden Geometern weiter zu lernen, und verbrachte einige Semester in Pisa bei Bianchi, in Göttingen bei Klein und Hilbert, in Bonn bei Study.

Dort in Bonn habilitierte er sich auch, wurde 1910 Privatdozent und ging 1911 nach Greifswald. Seine erste größere Aufgabe war ab 1913 die Wahrnehmung der Professur für Mathematik an der Universität in Prag. Ab 1915 arbeitete Blaschke als Mathematikprofessor in Leipzig und. ab 1917 in Königsberg [Bl18].

Als 1919 das Mathematische Seminar der Universität Hamburg gegründet wurde, berief man Blaschke als Ordinarius. Er leitete bis 1953 diese akademische Einrichtung. Seine Hauptgebiete waren Differentialgeometrie und Kinematik, speziell die Integralgeometrie. Auf diesem Gebiet arbeitete er eng mit seinem Schüler Santaló zusammen. Nach der Emeritierung arbeitete Blaschke von 1953 bis 1955 als Gastprofessor in Istanbul.

Blaschke war einer der hervorragendsten deutschen Mathematiker in der ersten Hälfte des 20. Jahrhunderts. Er hatte auch während der Nazizeit die Möglichkeit, weiter in Hamburg zu arbeiten, obwohl er sich manchmal auch gegen die herrschende Politik wandte: Als Reidemeister, Mathematik-Professor in Königsberg, wegen „politischer Unzuverlässigkeit" entlassen wurde, organisierte Blaschke eine Petition, um diesen Schritt rückgängig zu machen. Das war erfolgreich, und Reidemeister konnte in Magdeburg weiter arbeiten.

Nach dem Zweiten Weltkrieg wurde Blaschke zuerst wegen „Sympathie zu den Nazis" von der Hamburger Universität gewiesen, aber 1946 wieder auf den Lehrstuhl zurückgeholt, den er bis 1953 innehatte. In diesem Jahr erhielt er auch den Nationalpreis der DDR. Blaschke starb am 17. März 1962 in Hamburg.

Wilhelm Blaschke war der Begründer der Integralgeometrie. Er faßte die bis dahin bekannten und oft isolierten Ergebnissen von Buffon, Delesse, Cauchy, Crofton, Minkowski zusammen und entwickelte einen einheitlichen Zugang zu all diesen Einzelheiten.

Bonnesen, Tommy

Bonnesen wurde am 27. März 1873 geboren und starb am 14. März 1935. Er arbeitete als Mathematikprofessor in Kopenhagen und hat gemeinsam mit Harald Bohr, dem jüngeren Bruder von Niels Bohr, die „Matematisk Tidsskrift" in Dänemark herausgegeben. Er schrieb gemeinsam mit Werner Fenchel das Buch „Theorie der konvexen Körper" [Bo34]. Dieses klassische Werk der Konvexgeometrie wurde jedoch erst 1987 ins Englische übersetzt und damit allgemein zugänglich. Heute ist Bonnesen vor allem durch dieses Buch und die sogenannten Ungleichungen vom Bonnesen-Typ bekannt.

Die von ihm entdeckten Ungleichungen, die er in einer Reihe von Artikeln von 1920 bis 1930 publiziert hat, verschärfen die altbekannte klassische isoperimetrische Ungleichung $U^2 - 4\pi A \geq 0$ beispielsweise zu dem Ergebnis $U^2 - 4\pi A \geq \pi^2 (R - r)^2$, wobei R und r der Umkreisradius bzw. der Inkreisradius der jeweiligen ebenen Figur sind [Bo20, Bo21, Bo21b, Bo24, Bo26]. Bonnesen hatte zwei Kinder, die Tochter Beatrice Bonnesen (Musikerin und Schauspielerin, 1906–1979) und den Sohn Merete Bonnesen (Journalist, 1901–1980).

Buffon, Georges Louis Leclerc

Buffon wurde am 7. September 1707 geboren und starb am 16. April 1788 in Paris. Seine Familie stammt aus Buffons Geburtsort Montbard, einem beschaulichen Städtchen in Burgund, etwa siebzig Kilometer nordwestlich von Dijon gelegen. Buffons Vater, in Montbard für die Salzsteuer zuständig, konnte 1714 dank einer reichen Erbschaft seiner Frau zum angesehenen Dijoner Stadtbürger aufsteigen und Parlamentsmitglied werden. Er brachte auch das Dorf Buffon, unweit von Montbard gelegen, in seinen Besitz und nannte sich seither *Sieur de Buffon*.

Ursprünglich studierte Georges Buffon an der Universität Dijon Rechtswissenschaft. Aber bereits 1728 ging er nach Angers, um sich dort mit Medizin, Botanik und Mathematik zu beschäftigen (eine Kombination, die man sich heute nur schwer vorstellen kann). Nach zwei Jahren Aufenthalt in Italien und England kehrte er nach dem Tod seiner Mutter nach Frankreich zurück, weil er dort das Familienerbe in Montbard anzutreten hatte.

Im Jahre 1739 wurde Buffon Direktor der Königlichen Gärten in Paris und begann mit der Arbeit an einem Werk über Naturgeschichte, Geologie und Anthropologie, dem er den Titel „Histoire naturelle, générale et particulière" gab. Eigentlich sollte dieses Mammutunternehmen fünfzig Bände umfassen. Aber während seines Lebens erschienen nur 36 davon, reich illustriert und in einem überschwenglichen Stil geschrieben. In seinem bekanntesten Buch „Époques de la nature" unterteilte er als erster Wissenschaftler die geologische Entwicklung in verschiedene Etappen und führte damit den Begriff der Evolution in die Naturgeschichte ein.

Die „Histoire naturelle" ist ein Sammelbecken des Wissens. Sie enthält zwei bedeutende kosmogonische Werke, das von 1749 stammende Buch „Théorie de la terre" und die 1779 erschienene Schrift „Époques de la nature". Darin hat Buffon die sieben Schöpfungstage der Bibel auf 75 000 Jahre ausgedehnt (privat meinte er gar, 300 000 Jahre kämen der Wahrheit noch näher). Er gliederte diese Zeitspanne in sieben Epochen, deren siebte den Menschen hervorbringt – aber nicht in einem einmaligen Schöpfungsvorgang, sondern als letztes Glied einer langen Kette belebter Wesen, deren erstes durch Urzeugung (!) entstanden war.

Die Schnittformel $Z_S/Z_N = 2l/\pi a$ (siehe Abschnitt 1.1.1) hatte Buffon bereits 1733 im Alter von 26 Jahren hergeleitet und in seinem Essay „Mémoire sur le jeu de Franc-carreau" niedergelegt. Aber seine Entdeckung wurde erst 44 Jahre später publiziert wurde, denn die französische Akademie befand anfangs die Arbeit eines so jungen Mannes einer Veröffentlichung nicht für würdig. Buffon sollte erst Direktor der Königlichen Gärten und ein bedeutender Naturforscher werden, ehe er das Nadelproblem der Öffentlichkeit vorstellen durfte.

Bis 1748 reichte Buffon rund zwanzig Arbeiten bei der Akademie ein, unter anderem über Gravitation, Pendelbewegungen, Ballistik, Raketen, optische Phänomene und zoologische Fragen. Im Jahre 1747 machte ihn ein eindrucksvolles Experiment zur europäischen Berühmtheit. Es gelang ihm – nach archimedischem Vorbild – mit einem Brennspiegel ein Stück Holz in über 60 Metern Entfernung zu entzünden. König Ludwig XV beehrte ihn dabei mit seiner Anwesenheit, Friedrich der Große von Preußen beglückwünschte ihn aus der Ferne. 1753 wurde Buffon in die Académie Française berufen. Bei diesem besonders festlichen Anlaß brachte er in seiner Antrittsrede, dem „Discours sur le style", seine Anschauungen über das Publizieren wissenschaftlicher Ergebnisse zum Ausdruck:

„Nur die gut geschriebenen Werke werden auf die Nachwelt kommen. Fülle des Wissens, interessante Einzelheiten, selbst neue Entdeckungen bilden keine sichere Bürgschaft für Unsterblichkeit. Handeln solche Werke bloß von belanglosen Dingen und sind sie ohne Geschmack, Haltung und Geist geschrieben, so werden sie untergehen, weil Wissen, Einzelheiten und Entdeckungen sich leicht verpflanzen lassen ja durch die Bearbeitung geschickter Hände gewinnen. Diese Dinge gehören nicht zum Menschen, allein der Stil kennzeichnet ihn."

Buffon schrieb seine Texte immer wieder um, bis sie endlich seinen hohen Ansprüchen genügten. So wurde er auch zu einem Klassiker der französischen Sprache. Er zählt zu den hervorragendsten Persönlichkeiten der französischen Wissenschaft im gesamten 18. Jahrhundert – neben Montesquieu, Rousseau, Voltaire und Diderot.

Als Direktor der Königlichen Gärten legte sich Buffon eine strenge Arbeitsdisziplin auf. Er war nur im Winter in Paris. Die übrigen acht Monate weilte er in Montbard, wo er täglich zehn Stunden am Schreibtisch saß, schon um fünf Uhr morgens von einem Bauern unerbittlich aus dem Bett geworfen.

Zusätzlich begründete er im nahegelegenen Buffon ein Hüttenwerk mit vierhundert Arbeitern. Hier experimentierte er und stellte Versuche über die Abkühlung von Eisenkugeln an. Er vermutete einen heißen Kern im Erdinneren, und so führten ihn seine Experimente zu dem Schluß, daß die Erde in 60 000 Jahren den Kältetod sterben wird. Auch in diesem Fall entging Buffon der kirchlichen Zensur geschickt mit dem Hinweis, bei seinen Hypothesen handle es sich um bloße philosophische Spekulation.

Buffon, der gelehrte Mann, der unermüdliche Arbeiter, der scharfsinnige Denker war dennoch nicht gegen zarte Gefühle gefeit. Er verliebte sich als Dreiundvierzigjähriger in Marie-Françoise de Saint-

Belin, ein achtzehnjähriges Mädchen aus dem Ursulinenstift in Montbard, dem Buffons Schwester Jeanne vorstand. 1752 fand die Hochzeit statt. Sein einziger Sohn endete 1794 auf dem Schafott.

Cauchy, Augustin-Louis

Cauchy wurde am 21. August 1789 in Paris geboren und starb am 23. Mai 1857 in Sceaux in der Nähe von Paris. Seine erste Ausbildung erhielt er bei seinem Vater, der solche berühmten Leute wie Laplace als Nachbarn hatte.

Auch Lagrange gehörte zu diesem Bekanntenkreis und soll den Vater gewarnt haben, seinem Sohn vor dessen siebzehnten Lebensjahr mathematische Bücher zu zeigen. Aber Cauchy lernte trotzdem eifrig, beschäftigte sich mit der „Mécanique Céleste" von Laplace sowie der „Théorie des Fonctions" von Lagrange und schloß 1810 sein technisches Studium ab.

Als Ingenieur diente Cauchy bis 1813 in Napoleons Armee. Nachdem er schon in diesen jungen Jahren einige mathematische Probleme gelöst hatte, wurde er 1816 als Professor an die École Polytechnique berufen.

Er arbeitete auf den Gebieten der Mathematik (Differentialrechnung, komplexe Funktionen, Algebra, Geometrie und Analysis), der mathematischen Physik und der Himmelsmechanik. Der heute weltweit bekannte Begriff der Kontinuität wurde von ihm eingeführt. Insgesamt publizierte er über 800 Artikel und acht Bücher.

Cauchy hatte keine besonders guten Beziehungen zu anderen Wissenschaftlern. Seine strenge katholische Ausbildung brachte ihn an der Seite der Jesuiten gegen die Akademie der Wissenschaften. Er wollte religiöse Betrachtungen in seinen wissenschaftlichen Werken unterbringen und kam damit auch manchmal in Konflikt mit anderen Kollegen.

Cauchy war wie sein Zeitgenosse Balzac, mit dem er die Fähigkeit zu einem beinahe unbegrenzten Arbeitsvolumen gemeinsam hatte, Anhänger des Königtums. Es ist bemerkenswert, daß Cauchy bereits einige der Croftonschen Formeln gefunden hatte. So gab er bereits

1841 die beeindruckende Formel $U = \int p(\varphi) \cdot d\varphi$ für den Umfang U konvexer Figuren an, die einen Zusammenhang mit der Stützfunktion $p(\varphi)$ herstellt [Ca41].

Cavalieri, Bonaventura Francesco

Cavalieri wurde 1598 geboren (wahrscheinlich in Mailand) und starb am 30. November 1647 in Bologna. Er gehörte bereits seit 1615 dem Orden der Jesuiten an und trat 1616 in das jesuitische Kloster in Pisa ein. Diesen Weg ins Kloster gingen zur damaligen Zeit viele intelligente junge Menschen, um ihren Wunsch nach Bildung erfüllen zu können. Sein Interesse an der Mathematik war angeregt worden durch das Studium der Werke Euklids und durch ein Treffen mit Galilei.

Die Jesuiten bildeten ihre Schüler sehr gründlich aus, so daß Cavalieri auch an der Universität Pisa etliche Mathematikvorlesungen hörte, speziell solche über Geometrie bei Benedotti Castelli. Er bereitete sich für die Übernahme des Mathematiklehrstuhls in Bologna vor, war aber 1619 noch zu jung für dieses Amt. So wurde er 1621 Assistent des Kardinals Borromeo, der in einem Kloster in Milan wirkte.

Hier lehrte Cavalieri bis 1623 Theologie, bevor er für die nächsten drei Jahre ins Jesuitenkloster nach Parma wechselte. Endlich wurde Cavalieri 1629 nach Bologna berufen. Vielleicht hatte dazu beigetragen, daß er zu dieser Zeit schon seine „Methode des Unteilbaren" entwickelt hatte, die wesentlich die Entwicklung der Integralrechnung beförderte.

Cavalieri publizierte diese Entdeckungen 1635 im Buch „Geometria indivisibilibus continuorum nova quadam ratione promota", wobei er die archimedische Methode der Exhaustion weiterentwickelte. Die Einbeziehung von Keplers Theorie der unendlich kleinen Größen führte ihn zur Formulierung seines Schnittprinzips (Cavalierisches Prinzip).

Bereits Kepler hatte mit der archimedischen Strenge gebrochen. Für diesen war die Kreisfläche aus unendlich vielen unendlich schmalen Dreiecken zusammengesetzt, die alle ihre gemeinsame Spitze im Kreismittelpunkt hatten.

Dadurch wurde Cavalieri zur Theorie seiner „Indivisiblen" angeregt, wonach durch die Bewegung eines Punktes eine Gerade und durch die Bewegung einer Geraden eine Ebene entsteht. So sagt das Cavalierische Prinzip aus, daß zwei Körper das gleiche Volumen besitzen, wenn in gleicher Höhe ausgeführte ebene Schnitte bei beiden Körpern stets denselben Flächeninhalt ergeben. Dadurch konnte Cavalieri sehr effektiv die Fläche und das Volumen von geometrischen Figuren und Körpern bestimmen.

Cavalieri beschäftigte sich auch mit Logarithmen und deren praktischen Einsatz. In seinem Buch „Directorium generale uranometricum" publizierte er unter anderem Logarithmentafeln für trigonometrische Funktionen, die für die Astronomen von großem Nutzen waren.

Cavalieri feilte lange an seinen Werken, ehe er sie einem Drucker übergab. Trotzdem glückte es ihm nicht, seine „Gesamtheiten" exakt zu erklären. Er stellte sie sich mehr bildhaft vor, zerlegte ebene Figuren in ein Gewebe aus parallelen Fäden oder zerteilte Körper wie ein Buch in einen Stapel vieler Blätter.

Doch er weist auch auf den Gegensatz hin, daß Fäden und Seiten eine endliche Dicke haben, während die Einheiten seiner Gesamtheiten unendlich dünn und deshalb auch in unendlicher Anzahl vorhanden sind.

Chern, Shiing Shen

Chern wurde am 26. Oktober 1911 in Jiaxing (China) geboren. Er studierte an der Nankai-Universität in Tientsin und an der Tsing-Hua-Universität in Tianjin. Er war dort der einzige Mathematik-Student, der sich für den Jahrgang 1930 eingeschrieben hatte. Besonders intensiv beschäftigte er sich mit projektiver Differentialgeometrie und publizierte damals auch seine ersten Arbeiten auf diesem Gebiet. 1934 erhielt Chern ein Stipendium für einen Aufenthalt in den USA. Aber er wollte unbedingt nach Hamburg, um dort bei Blaschke zu studieren, den er 1932 in Peking kennengelernt hatte. Er konnte diesen Wunsch realisieren und erwarb 1936 in Hamburg seinen Doktorgrad. Danach mußte er sich zwischen dem weiteren Aufenthalt in Hamburg (Algebra bei Emil Artin) und einem Zusatzstudium in Paris (Differentialgeometrie bei Élie Joseph Cartan) entscheiden.

Aber bereits 1937 verließ er Paris wieder, um eine Professur an der Tsiang-Hua-Universität zu übernehmen. Dann weilte Chern ab 1943 in Princeton in den USA und kehrte 1945 nach China zurück. Doch der Bürgerkrieg in China verhinderte ein ungestörtes Forschen und Lehren, so daß Chern 1948 wieder nach Princeton reiste. Schließlich übernahm er 1949 für elf Jahre den Geometrie-Lehrstuhl an der Universität Chicago, ehe er 1960 nach Berkeley an die University of California ging. Chern arbeitete hauptsächlich auf dem Gebiet der Differentialgeometrie. Ihm ist (in Zusammenarbeit mit Sántalo) die Ausdehnung der Integralgeometrie auf glatte nichtkonvexe Flächen und auf nichteuklidische Räume zu verdanken (ein ziemlich abstraktes Gebiet). 1985 kehrte Chern nach China zurück und war dort einer der Gründerväter des Nankai-Institutes in Tianjin. Er starb am 3. Dezember 2004.

Cormack, Allan MacLeod

Cormack wurde am 23. Februar 1924 in Johannesburg in Südafrika geboren. Er studierte Physik in Kapstadt und schloß das Studium 1945 auf dem Gebiet der Kristallographie ab. Danach arbeitete er an der Universität Cambridge und kehrte anschließend nach Kapstadt zurück, wo er einen Lehrauftrag erhielt. Während dieser Zeit in lernte er die US-amerikanische Physikstudentin Barbara Seavey kennen, heiratete sie und wanderte mit ihr in die Vereinigten Staaten aus.

Nach einer Studienzeit an der Harvard Universität erhielt Cormack 1958 eine Professur an der Tufts-Universität. Obwohl sein Schwerpunkt die Teilchenphysik war, arbeitete er nebenbei auf dem Gebiet der Röntgentechnologie und entwickelte die theoretischen Grundlagen der Computertomografie. Erstmals verwendete er eine Methode zur Bestimmung der Massendichte einzelner Punkte in einem Volumen, indem er eine Röntgenröhre um ein Objekt rotieren ließ und im Winkel von je 7.5° ein Bild anfertigte.

Die Ergebnisse wurden 1963 und 1964 im „Journal of Applied Physics" veröffentlicht [Co63, Co64]. Sie fanden aber keine weitere Beachtung, bis Hounsfield 1972 auf der Basis dieser beiden Arbeiten das erste Gerät für die Computertomographie baute. Für seine theoretische Leistung erhielt Cormack gemeinsam mit Hounsfield 1979 den Nobelpreis. Er starb am 7. Mai 1998 im Alter von 74 Jahren an Krebs.

Crofton, Morgan William

Crofton wurde 1826 in Dublin als Sohn des Reverenden W.Crofton geboren. Er studierte bis 1847 am Trinity College in Dublin Mathematik. Zu dieser Zeit war eine wissenschaftliche Karriere am Trinity College ausschließlich für Angehörige der anglikanischen Kirche möglich (erst 1873 wurden dort alle religiösen Vorbedingungen für Studium und Lehre fallengelassen). Das hätte kein Problem für den Anglikaner Crofton sein sollen. Aber wahrscheinlich tendierte er zu jener Zeit schon zur katholischen Kirche, denn obwohl er 1848 einen Prüfungspreis erhielt, wurde er nicht als Mitglied des Trinity College Fellowship aufgenommen.

Ab 1849 war Crofton Professor für Naturphilosophie am Queen's College in Galway, allerdings nur bis 1853. Es scheint, als ob seine Zuwendung zum Katholizismus der Grund war, daß er diesen Lehrstuhl nur einige Jahre lang bekleiden konnte. Er ging nach Frankreich, um dort an verschiedenen jesuitischen Lehranstalten zu arbeiten.

Es ist unklar, wann Crofton wieder nach England zurückkehrte. Doch dann befreundete er sich dort mit Sylvester, der damals den Lehrstuhl für Mathematik an der Royal Military Academy Woolwich innehatte. Sylvester war von Croftons mathematischen Talenten stark beeindruckt, so daß er ihm eine Anstellung an der Militärakademie verschaffte.

Als Sylvester 1869 im Alter von 55 Jahren (dem Pensionierungsalter für Militärpersonal) seinen Dienst beendete, übernahm Crofton ab 1870 den Mathematik-Lehrstuhl an der Militärakademie. Da die Armee an praktischer Mathematik interessiert war, leitete Crofton auch Kurse in Mechanik und Ingenieur-Mathematik.

1882 vereinigten sich das University College Dublin und drei andere katholische Hochschulen in Irland zur Royal University of Ireland. Für Crofton eröffneten sich dadurch neue Möglichkeiten, und er wurde 1884 wieder Universitätsangehöriger in Dublin. Allerdings behielt er seinen Wohnsitz in London, so daß er wahrscheinlich nur als Prüfer, Gutachter und regelmäßiger Besucher in Dublin wirkte. Im Jahre 1895 beendete Crofton seine Arbeit in Dublin und wurde 1898 Ehrendoktor des Trinity College. Er starb 1915 in Brighton.

Ein Hauptverdienst Croftons ist die Einführung des Begriffs „geometrische Wahrscheinlichkeit", der erstmals 1868 in der Arbeit „On the theory of local probability" auftauchte. Außerdem zählt er zu einem der Vorläufer der modernen Integralgeometrie. So ist der Gedanke, neben den Punkten ebenfalls für Geraden eine Dichte einzuführen, zuerst von Crofton angegeben worden [Cr68]. Auch die Formel $\int n_g \cdot dg = 2L$ für die Anzahl der ungerichteten Geraden, die eine Kurve der Länge L treffen, stammt von ihm.

Delesse, Achille Ernest Oscar Joseph

Delesse, französischer Geologe und Mineraloge, wurde am 3. Februar 1817 in Metz geboren und starb am 24. März 1881 in Paris. Im Alter von zwanzig Jahren ging er zur Ecole Polytechnique und danach zur Ecole des Mines in Paris. 1945 wurde er auf den Lehrstuhl für Mineralogie und Geologie der Universität Besancon berufen und 1850 auf den Lehrstuhl für Geologie an der Sorbonne (Paris). Schließlich wurde er 1864 Professor für Agrokultur an der Ecole des Mines und 1878 auch Generalinspekteur für Bergbau. Delesse war sehr interessiert an der Zusammensetzung von Gesteinen. Er erarbeitete 1847 eine auf dem Cavalierischen Prinzip basierende Methode, um die Volumenverhältnisse verschiedener Bestandteile in Gesteinen zu ermitteln [De47]. Die dabei zur Anwendung kommende Idee wurde später von Rosival und Glagolev weiterentwickelt. Die unter dem Namen „Delesse-Prinzip" bekannte Methode mit der grundlegenden Formel $V_V = A_A$ publizierte er im Jahre 1847:

1. Man schneidet das Gestein, poliert die entstehende ebene Oberfläche und bedeckt sie mit Wachspapier.
2. Nun zeichnet man mit einem Bleistift ausgewählte Bestandteile (die sogenannten „Phasen") auf das Papier.
3. Schließlich schneidet man die Mineralphasen aus und wiegt die Papierstücke. Das Gewichtsverhältnis G_G der ausgeschnittenen Teile zur untersuchten Fläche liefert das Flächenverhältnis A_A und damit das Volumenverhältnis V_V.

Heute werden die Messungen natürlich automatisch durchgeführt. Das Herstellen einer ebenen Gesteinsoberfläche oder eines dünnen histopathologischen Schnittes muß aber im Prinzip immer noch so erfolgen, wie es schon vor hundert Jahren üblich war.

Interessant ist, daß Delesse sein Prinzip nicht mathematisch exakt bewies und sich auch nicht mit Mathematikern in Verbindung setzte. Er verglich seine Ergebnisse mit den Resultaten einer chemischen Analyse, und die erhaltenen Übereinstimmungen waren ihm Beweis genug.

Elias, Hans

Elias wurde am 28. Juni 1907 in Darmstadt geboren. Da er Jude war, mußte er Deutschland verlassen. Bis 1939 lebte er in Italien, und gelangte dann über New York nach Chicago. Dort wurde er Professor für Anatomie an der Chicago Medical School und 1950 am Pathologischen Institut des Cook County Hospital. Im Jahre 1961 trafen sich auf einer von ihm organisierten Konferenz in Feldberg im Schwarzwald Biologen, Anatomen, Botanikern, Mineralogen und Metallurgen, um die geometrischen Grundlagen mikroskopischer Untersuchungen zu diskutieren. Hier schlug Elias auch den Begriff „Stereologie" für die Gesamtheit der zu lösenden Aufgaben vor, und er definierte die Stereologie als „eine Sammlung von Methoden für die Untersuchung des dreidimensionalen Raumes anhand von zweidimensionalen Schnitten oder Projektionen auf eine Ebene". Ein Jahr später fand in Wien der Gründungskongreß der Internationalen Stereologie-

Gesellschaft statt (International Society for Stereology, ISS). Hans Elias wurde ihr erster Präsident [We67]. Er starb am 11. April 1985 in San Francisco.

Fenchel, Moritz Werner

Fenchel wurde am 3. Mai 1905 in Berlin geboren. Von 1923 bis 1928 studierte er Mathematik und Physik an der Universität Berlin und reichte dort 1928 seine Doktorarbeit auf dem Gebiet der Mathematik ein. In den Jahren 1928–1933 war er Assistent bei Professor Landau in Göttingen. Von Oktober 1930 bis September 1931 weilte Fenchel im Rahmen eines Rockefeller-Stipendiums in Rom und Kopenhagen und traf hier mit den dänischen Mathematikern Harald Bohr und Tommy Bonnesen zusammen. Schließlich mußte er im Dezember 1933 als Jude vor den Nazis endgültig nach Dänemark fliehen. Dort erschien 1934 sein gemeinsam mit Bonnesen verfaßtes Buch „Theorie der konvexen Körper" [Bo34]. Allerdings konnte er auch in Dänemark nur bis 1943 bleiben und ging dann mit seiner Frau für zwei Jahre nach Lund (Schweden). Nach dem Krieg war Fenchel von 1947 bis 1952 Mathematik-Dozent am Technischen Hochschule Kopenhagen und von 1952 bis 1956 Professor für Mechanik. Schließlich wurde er 1956 als Professor für Mathematik an die Universität Kopenhagen berufen. Fenchel starb am 24. Januar 1988.

Fourier, Jean-Babtiste

Fourier wurde am 21. März 1768 in Auxerre geboren. Er war ein enger Vertrauter von Napoleon Bonaparte, zeitweilig Präfekt im französischen Département Isère und einer der bedeutendsten Mathematiker der damaligen Zeit. Sein Vater war aus Lothringen gekommen und hatte in Auxerre eine Schneiderei eröffnet. Als Jean-Baptiste etwa zehn Jahre alt war, starben kurz hintereinander seine Eltern. Bis dahin hatte Fourier in einer kleinen, privaten Schule Unterricht gehabt, war allgemein durch seine rasche Auffassungsgabe aufgefallen und fand deswegen auch finanzielle Unterstützung zum weiteren Schulbesuch. Ab 1780 lernte er an der École Royale Militaire in Auxerre. Dort erwachte sein Interesse für Mathematik und Physik, welches ihn buchstäblich Tag und Nacht vorantrieb. Seinem Wunsch zur Ausbildung als Artillerieoffizier wollte man aber nicht stattgeben, da seine Herkunft für die damaligen gesellschaftlichen Gegebenheiten als zu niedrig eingestuft wurde. So trat er 1787 als Novize in das Kloster St.Benoit-sur-Loire ein. 1789 brach die Französische Revolution aus, die Zeiten waren bewegt und chaotisch. Fourier führte ein unstetes Leben in diesen Jahren. Er war abwechselnd Gefangener und Präsident des Revolutionskomitees. Der Kirchenbesitz wurde aufgelöst, Bücher gab es keine in St.Benoitsur-Loire. Fourier verließ das Kloster 1790, zwar formal als Abbé, doch ohne Gelübde. Fourier wechselte als Lehrer für Mathematik und Physik an seine frühere Schule École Royale Militaire in Auxerre und wurde dort 1792 Schulleiter. Bis 1793 konnte er sich einigermaßen aus dem politischer Trubel des Landes heraushalten. Dann aber mußte er sich entscheiden. Er wählte die falsche Seite, denn 1794 kam er zweimal ins Gefängnis. Das zweite Mal hätte es ihm – wie etwa Lavoisier, dem Entdecker des Sauerstoffs – seinen Kopf kosten können. 1798 erschien Fouriers erste Veröffentlichung, die jedoch nichts mit Wärmevorgängen zu tun hatte, sondern mit einem Problem der theoretischen Mechanik.

Fourier zog mit Napoleon, zu dessen Gefolge auch 165 Gelehrte gehörten, nach Ägypten. Er wurde nach Napoleons plötzlichem und heimlichem Rückzug von den Engländern gefangen gehalten, konnte später aber mit den gesammelten Expeditionsberichten nach Frankreich zurückkehren und wurde 1802 in Grenoble Präfekt des Departement Isère. Hier vollendete er die lange vergeblich versuchte Trockenlegung der Sümpfe bei Lyon und rottete dadurch die Malaria in dieser Gegend aus. Danach wurde er Professor für Analysis als Nachfolger auf dem Lehrstuhl von Lagrange an der Pariser École Polytechnique.

Seit 1807 beschäftigte sich Fourier mit dem Problem der Wärmeleitung. 1822 erschien seine „Théorie analytique de la chaleur". Von dieser Zeit ab waren Temperatur und Wärmetransport berechenbar. Anfangs hatte Fourier Schwierigkeiten, seine Theorie gegen Einwände von Laplace, Poisson und Biot zu behaupten. Die Absetzung und die vorübergehende Rückkehr Napoleons stürzten ihn in neue Schwierigkeiten. 1816 erhob Ludwig XVIII bei Fouriers Wahl in die Académie des Sciences zunächst Einspruch. Schließlich aber wurde Fourier 1822 ständiger Sekretär der Akademie. Am 21. Dezember 1807 verlas Fourier erstmals eine Zusammenfassung seines Manuskripts über „Die Ausbreitung von Wärme in festen Körpern" vor Lagrange, Laplace, Lacroix und Monge. Die erste schriftliche Reaktion kam von Poisson, fair und korrekt, aber nicht enthusiastisch. Es war dies die einzige Bekanntmachung von Fouriers Ideen überhaupt, da er es versäumte, seinen Vortrag schriftlich nachzureichen.

Dann folgten 1808 Äußerungen von Lagrange und Laplace, die die trigonometrische Expansion von Funktionen in Fourier-Reihen nicht akzeptieren wollten. Diese Gegenargumentationen sind leider verloren gegangen, nicht dagegen Fouriers Antworten, die sehr klar waren. Lagrange konnte sich Zeit seines Lebens nicht mit Fouriers Gedanken anfreunden. Kein Wunder also, daß Fouriers Werk erst 1822 als zusammenfassendes Buch zur Wärmetheorie erschien. Der Gesundheitszustand Fouriers verschlechterte sich immer mehr. Schlaflosigkeit, Asthma und Rheuma erlaubten ihm nur noch, fast aufrecht stehend, in einem selbstgebautem Gestell wenigstens zeitweise Ruhe zu finden. Eine Angina kam dazu und so verstarb Fourier am 16. Mai 1830 im relativ frühen Alter von zweiundsechzig Jahren in Paris.

Funk, Paul Georg

Funk wurde am 14. April 1886 in Wien geboren, studierte Mathematik in Tübingen, Wien und Göttingen und schrieb seine Doktorarbeit bei Hilbert [Fu11]. Ab 1913 war er Mathematik-Assistent bei Blaschke in Hamburg. 1915 habilitierte er sich an der Deutschen Universität in Prag mit dem Thema „Beiträge zur Theorie der Kugelfunktionen". Die Jahre zwischen den beiden Weltkriegen verbrachte er in Prag und arbeitete ab 1927 als ordentlicher Professor für Mathematik an der dortigen Deutschen Technischen Hochschule. Nach der Besetzung Prags durch die Nazis wurde er 1939 entlassen und 1944 nach Theresienstadt deportiert. Paul Funk hatte das Lager überlebt und erhielt nach der Befreiung 1946 einen Lehrstuhl für Mathematik an der TH in Wien. Im Jahre 1950 wurde er ordentliches Mitglied der Österreichischen Akademie der Wissenschaften.

Funk hat sich nur in jungen Jahren mit der Integralgeometrie beschäftigt [Fu13, Fu16]. Damals hat er gezeigt, daß ein dreidimensionaler Sternkörper (speziell ein konvexer Körper) durch die Schnittflächen aller den Mittelpunkt passierenden Ebenen bestimmt ist. Später arbeitete Funk auf anderen Gebieten der mathematische Forschung. Sein mehr als 600 Seiten umfassendes Lebenswerk „Variationsrechnung ihre Anwendung in Physik und Technik" erschien 1962 in Berlin. Funk starb am 3. Juni 1969.

Glagolev, Alexander Alexandrowitsch

Der im September 1911 in Rußland geborene Glagolev (auch als „Glagoleff" transkribiert) publizierte 1933 eine Arbeit, in der er das für stereologische Messungen von Rosiwal verwendete Linienraster durch ein Punktgitter ersetzte. Er stellte die Anzahl der Punkte, welche ein Objekt treffen, in Beziehung zur Gesamtzahl der Punkte. Daraus resultiert dann die von ihm eingeführte Formel $V_V = P_P$. Glagolev hatte ein bergbautechnisches Institut absolviert, wurde Ingenieur in einem Kohle-Schacht und starb im Oktober 1988.

Hadwiger, Hugo

Hadwiger wurde am 23. Dezember 1908 in Bern geboren. Bereits in der Schule waren seine ungewöhnlichen mathematischen Fähigkeiten spürbar. Später erzählte er gelegentlich aus seiner Jugendzeit, wie er sich beim Baden auf das Sprungbrett stellte, sich von seinen Kameraden eine mathematische Aufgabe zurufen ließ, um sogleich zu springen und erst mit der fertigen Lösung wieder aufzutauchen. Seinen Doktorgrad erhielt er 1936 an der Universität Bern mit der Dissertationsschrift „Umordnung von Reihen analytischer Funktionen". Von seinem Doktorvater Scherrer gefördert, erhielt Hadwiger bereits in diesem Jahr einen siebenstündigen Lehrauftrag für analytische Geometrie und partielle Differentialgleichungen.

Ein Jahr später wurde er, erst 29-jährig, zum Professor für höhere Analysis an der Universität Bern gewählt. Die prägenden Erlebnisse seiner Entwicklung sind in einem Hamburger Aufenthalt vom Sommer 1935 zu finden, wo er sich von Blaschke für das damals neue Gebiet der Integralgeometrie begeistern ließ.

Hadwiger arbeitete intensiv über Probleme der Integralgeometrie. So entstanden seine beiden Bücher „Altes und Neues über konvexe Körper" [Ha55] und „Vorlesungen über Inhalt, Oberfläche und Isoperimetrie" [Ha57]. Hadwigers erste Beiträge zur Konvexgeometrie gehen von seinem Interesse am Invarianzverhalten von Maßzahlen aus [Ha40, Ha42]. Damit in enger Beziehung stehen die zahlreichen Abhandlungen zur Integralgeometrie, in erster Linie sein Beweis des Funktionalsatzes [Ha51, Ha54].

Hadwiger war als Mathematiker auch führend an der Konstruktion der schweizerischen Modifikation NEMA („Neue Maschine") der während des zweiten Weltkrieges für die Übermittlung militärischer Nachrichten so wichtigen Verschlüsselungsmaschine „Enigma" beteiligt. Etwa ab 1970 wendet sich Hadwiger Gitterpunktproblemen zu [Ha79]. Volle vierzig Jahre, bis zu seiner Emeritierung 1977, blieb Hadwiger der Universität Bern treu. In zwei Amtsperioden präsidierte er als Dekan die philosophisch-naturwissenschaftliche Fakultät (1947/48 und 1960/61).

Seine Vorlesungstätigkeit überdeckte große Teile der Mathematik. Die Klarheit und Schönheit seiner Vortragskunst vermochte seine Hörer immer wieder zu faszinieren und weckten in manchem die Freude an der Mathematik. Alle weltweite Anerkennung änderte an Hugo Hadwigers gütiger und bescheidener Natur nichts. Auf Fragen nach der Herkunft eines Ergebnisses pflegte er, wenn es von ihm stammte, leise zu sagen: „Dies konnte in Bern gezeigt werden". Hadwiger starb am 29. Oktober 1981 in Bern.

Hounsfield, Godfrey Newbold

Hounsfield wurde am 28. August 1919 in Newark geboren. Aufgewachsen als jüngstes von fünf Kindern eines Stahlarbeiters in einem kleinen Ort in Nottinghamshire interessierte er sich schon früh für die technischen Geräte, die auf der väterlichen Farm im Einsatz waren. In vielen waghalsigen Versuchen drückte sich sein Wissensdrang aus. Er baute Tonaufzeichnungsgeräte, ließ Tonnen explodieren und veranstaltete Flugversuche von einem Heuhaufen.

Der Besuch der Magnus Grammar School in Newark weckte sein Interesse für die Mathematik und die Physik. Nach dem Krieg schloß Hounsfield am Electrical Engineering College in London seine Studien ab. Er bekam 1951 bei Electric and Musical Industries (EMI) in Hayes eine Anstellung und arbeitete an Radargeräten und Lenkwaffen. Ab 1958 leitete er eine Entwicklungsgruppe, die den ersten komplett aus Transistoren bestehenden Computer in England entwickelte.

Als EMI durch die enormen Erfolge der Beatles in Geld schwamm, durfte Hounsfield sich sein Forschungsfeld frei wählen. Er suchte nach neuen Methoden, das Körperinnere darzustellen. Seine Idee war, die Absorption von vielen parallelen Röntgenstrahlen per Computer auszuwerten, um so überlagerungsfreie Schichtaufnahmen zu erhalten. Im Jahre 1968 untersuchte er das Gehirn eines Schweines. Neun Tage lang arbeitete die Maschine, durchstrahlte das Gehirn und zeichnete die Intensitäten auf. Anschließend wertete ein Computer innerhalb von zwei Stunden die 28000 einzelnen Meßergebnisse aus. In weiteren Experimenten, für die er mit Bullen-Hirnen in der Tasche vom Schlachthof per Bus und Bahn durch London fuhr, verfeinerte er Gerätetechnik und Algorithmen. 1971 wurde der erste Mensch per Computertomograph untersucht [Ho72]. Dafür erhielt Hounsfield gemeinsam mit Cormack 1979 den Nobelpreis für Medizin. 1981 wurde der lebenslange Junggeselle für seine Erfindung von der englischen Königin zum Ritter geschlagen. Nach ihm ist die bekannte Hounsfield-Einheit benannt, mit der die Absorption eines Gewebes in der Computertomographie angegeben wird. Hounsfield starb am 12. August 2004 in Kingston upon Thames.

Kendall, David George

Kendall wurde am 15. Januar 1918 in Ripon in England geboren. Er besuchte dort die Schule und begann ein Studium am Queen's College in Oxford, wobei er sich stark für Astronomie interessierte. Er konnte das Studium jedoch bis 1943 nicht abschließen, weil er bis 1945 zum Militärdienst eingezogen wurde.

1946 wurde Kendall Mitglied des Magdalen College in Oxford und hielt dort über viele Jahre hinweg Mathematik-Vorlesungen. Er verbrachte sein akademisches Jahr 1952–53 in den USA als Gastprofessor an der Princeton University. Danach wurde er 1962 als erster Professor für Mathematische Statistik an die Universität Cambridge berufen [Ha74, Ke99]. Er bekleidete diesen Lehrstuhl bis zu seiner Emeritierung im Sterbejahr 1985. Auf Grund seiner Leistungen wurde Kendall 1972 Präsident der London Mathematical Society und 1975 Präsident der Bernoulli Society for Mathematical Statistics and Probability.

Kendall, Maurice George

Kendall wurde am 6. September 1907 in Kettering (England) geboren. Er ist Autor der Bücher zur Statistik „Advanced Theory of Statistics" und „Geometrical Probability" [Ke63]. Als 1914 der Weltkrieg begann, übersiedelte sein Vater nach Derby, um für Rolls Royce zu arbeiten. Dort erhielt Kendall seine erste Schulbildung, zeigte aber keine Anzeichen für eine spätere akademische Karriere. Seine frühen Interessen lagen auf sprachlichem Gebiet. Erst in den letzten Schuljahren begann er sich für Mathematik zu interessieren. Als er ein Stipendium für das St.John's College in Cambridge erhielt, war sein Vater nicht allzu begeistert, da er für seinen Sohn eine Ingenieur-Laufbahn vorgesehen hatte. Etwa ab 1930 arbeitete Kendall wissenschaftlich auf dem Gebiet der Statistik, hielt Vorlesungen am University College in London und schrieb eine Reihe hervorragender Publikationen über statistische Probleme. Als er 1972 emeritiert wurde, übernahm er im Auftrag der UNO den Posten des Direktors des „World Fertility Survey" (Fruchtbarkeit und Familiengröße im Weltmaßstab) am Internationalen Statistischen Institut in Voorburg (Niederlande). Kendall starb am 29. März 1983 in Redhill (England).

Kendall, Wilfrid Stephen

Wilfrid Kendall ist der älteste Sohn von David Kendall. Er promovierte 1979 an der Universität Oxford und ist seither Professor für Statistik an der Universität in Warwick (England). Seine Arbeitsgebiete sind die stochastische Geometrie, die Theorie zufälliger Prozesse und die Anwendung der Computeralgebra für statistische Anwendungen. Wilfried Kendall ist gemeinsam mit Dietrich Stoyan und Joseph Mecke [St87] Koautor des Buches „Stochastic Geometry and its Applications".

Kneser, Hellmuth

Kneser wurde am 16. April 1898 in Dorpat (Estland) geboren. Er besuchte ab 1916 die Universität Breslau, wo sein Vater Adolf Kneser Mathematik-Professor war. Von Breslau aus ging er nach Göttingen und wurde ein Schüler von David Hilbert. Unter dessen Leitung verteidigte Kneser 1921 seine Dissertation „Untersuchungen zur Quantentheorie". 1925 wechselte er nach Greifswald, wo er Nachfolger von Radon wurde. Kneser blieb zwölf Jahre lang in Greifswald, ehe er 1937 den Lehrstuhl für Mathematik an der Universität Tübingen übernahm.

Gemeinsam mit W.Süss gründete er 1944 das Mathematische Forschungsinstitut in Oberwolfach. Nach dem Tode von Süss leitete Kneser dieses Institut ab 1958. Kneser arbeitete auf vielen Gebieten der

Mathematik (nichteuklidische Geometrie, fast-periodische Funktionen, Iteration analytischer Funktionen, Differentialgeometrie, Spieltheorie). Die Konvexgeometrie fand nur am Rande sein Interesse [Kn32, Kn63]. Kneser war Präsident der Deutschen Mathematiker-Vereinigung und arbeitete im Exekutivkommitte der Internationalen Mathematischen Union. Er starb am 23. August 1973 in Tübingen.

Knothe, Herbert

Herbert Knothe wurde am 11. Oktober 1898 in Babin (Posen) geboren. Im Februar 1933 promovierte er an der Universität Hamburg zum Dr.rer.nat mit der Arbeit „Zur differentiellen Liniengeometrie einer zwölfgliedrigen Gruppe" [Kn34]. Knothe war auch während der Jahre 1933–1945 auf seinem Fachbereich tätig [Kn37]. Anfang des Jahres 1939 wurde er zum Dozenten für Mathematik und Geographie der Humboldt-Universität Berlin berufen. Im Kapitel „Ludwig Bieberbach and Deutsche Mathematik" von Segal werden vier Seiten dem "Case of Herbert Knothe" gewidmet [Se03]. Auch nach 1945 arbeitete Knothe weiter auf dem Gebiet der konvexen Körper [Kn57].

Kubota, Tadahiko

Kubota (1885–1952) arbeitete bis 1946 als Professor für Mathematik (Differentialgeometrie) an der Tohoku Imperial University in Sendai, die erst 1907 gegründet wurde und etwa dreihundert Kilometer nördlich von Tokio liegt. Wie Blaschke und Bieberbach untersuchte auch Kubota Ungleichungen zwischen den charakteristischen Merkmalen konvexer Flächen und Körper.

Eine der von Kubota untersuchten Fragestellungen ist folgende: Welche ebenen konvexen Figuren besitzen bei vorgegebenem Umfang L und Durchmesser D den kleinsten Flächeninhalt F? Solche geometrische „isoperimetrisch–isodiametrischen" Extremalprobleme wurden erstmals von Bonnesen und Fenchel zusammengestellt [Bo34]. Aber Kubota veröffentlichte bereits 1923 und 1924 (in deutscher Sprache!) die beiden Ungleichungen $4F \geq (L-2D)\sqrt{L(4D-L)}$ und $4F \geq (L-2D)\sqrt{3}\,D$, die unter der Bedingung $2D \leq L \leq \pi D$ gelten [Ku23, Ku24, Ku25].

Später zeigten Hemmi und Kubota in mehreren 1953 und 1954 in japanischen Zeitschriften publizierten Artikeln, daß Flächeninhalt, Umfang, Durchmesser, Dicke, Um- und Inkreisradius grundlegende charakteristische Parameter konvexer Figuren sind [He53, He54]. Ein systematischer Überblick über die damit zusammenhängenden mathematischen Probleme ist in der Habilitationsschrift von Anita Kripfganz gegeben [Kr03].

Leichtweiß, Kurt

Kurt Leichtweiß wurde 1927 in Villingen im Schwarzwald geboren. Er studierte Physik und Mathematik an der Universität Freiburg, promovierte dort 1951 mit dem Thema „Zur Axiomatik einer topologischen Begründung der Geometrie der Ebene und des Raums" und habilitierte sich an der Universität Freiburg, wo er viele Jahre in Forschung und Lehre tätig war.
1963 wurde Leichtweiß als Professor an die Technische Universität Berlin berufen und arbeitete dann ab 1970 an der Universität Stuttgart. Dort war Leichtweiß bis zu seiner Emeritierung im April 1995 tätig. Am 17. Mai 2002 richtete die Universität Stuttgart ein Festkolloquium aus Anlaß seines 75. Geburtstages aus. Die Forschungsgebiete von Leichtweiß liegen in der Differentialgeometrie und der Konvexgeometrie [Le80, Le98].

Matheron, Georges François Paul Marie

Matheron wurde 1930 geboren. Er studierte an den beiden Eliteschulen „Ecole Polytechnique" and „Ecole des Mines de Paris", wo er in den Fächern Mathematik, Physik und speziell in Wahrscheinlichkeitstheorie ausgebildet wurde. Von 1954 bis 1963 arbeitete er für eine französische geologische Gesellschaft in Algerien und Frankreich und erarbeitete in dieser Zeit statistische Methoden für die Entdeckung von

Bodenschätzen. Die dabei erzielten Resultate faßte er unter dem Namen „Geostatistik" zusammen und publizierte sie im Buch „Traité de géostatistique appliquée" und in seiner Dissertation „Les variables régionalisées et leur estimation: une application de la théorie des fonctions aléatoires aux sciences de la nature".

Von 1964 bis 1968 forschte Matheron gemeinsam mit Serra und entwickelte die Disziplin „Mathematische Morphologie", die ein wesentlicher Bestandteil der Bildverarbeitung wurde. Auf Grund dieser Leistungen wurde er 1968 Direktor des von ihm gegründeten Instituts „Centre de Géostatistique et de Morphologie Mathématique" in Fontainebleau bei Paris. Im Ergebnis seiner Forschungsarbeit erschien 1975 das Buch „Random sets and integral geometry", das zu einer der Grundlagen der Theorie statistischer Mengen wurde [Ma75].

Im Jahre 1986 entstanden aus dem Institut die beiden eigenständigen Abteilungen „Centre de Morphologie Mathématique" und „Centre de Géostatistique", die von Serra beziehungsweise von Matheron geleitet wurden. Matheron publizierte über 250 Artikel (viele davon als interne Berichte in französischer Sprache geschrieben) und fünf Bücher. Matheron starb am 7. August 2000.

Mecke, Joseph

Joseph Mecke wurde am 18. Februar 1938 geboren. Er studierte von 1956–1961 Mathematik an der Friedrich-Schiller-Universität in Jena und promovierte dort 1964 mit der Dissertation „Ein Grenzwertsatz für Punktprozesse". Nach seiner Habilitation im Jahre 1970 wurde er 1977 an der Jenaer Universität zum Professor für Wahrscheinlichkeitstheorie berufen.

In dieser Stellung arbeitete er bis zu seiner Emeritierung im Jahre 2003 vor allem auf dem Gebiet der stochastischen Geometrie [St83, St87, Am93, St95]. Im Jahre 1990 erschien das Buch „Stochastische Geometrie", das er gemeinsam mit Schneider, Stoyan und Weil geschrieben hat [Me90].

Menger, Karl

Menger wurde am 13. Januar 1902 in Wien geboren. Menger besuchte ein Gymnasium in Wien (einer seiner Mitschüler war Pauli) und studierte ab 1920 an der Wiener Universität Physik. Bereits hier begann er, sich für Mathematik zu interessieren, und er entwickelte einen neuen Kurvenbegriff. Das geschah unabhängig von Uryson, dessen Arbeiten damals noch nicht publiziert worden waren.

Nach einer schweren Lungenkrankheit, die ihn länger als ein Jahr in einem Sanatorium festhielt, kehrte Menger nach Wien zurück und promovierte dort 1924 (im Sanatorium hatte er einige bedeutende Arbeiten zur Dimensionstheorie geschrieben). Danach wurde er 1925 von Brouwer eingeladen, mit ihm gemeinsam an der Universität in Amsterdam zu arbeiten. 1927 kehrte Menger nach Wien zurück, um den Lehrstuhl für Geometrie zu übernehmen. Sein Buch über die Kurventheorie erschien 1932. Allerdings verließ er Wien bereits im Jahre 1938 aufgrund der politischen Situation und emigrierte in die USA. Dort wirkte er bis 1948 an der University of Notre Dame, einer unabhängigen katholischen Universität in Indiana und ging dann ans Illinois Institute of Technology in Chicago, wo er bis zu seiner Emeritierung arbeitete. Menger starb am 5. Oktober 1985.

Minkowski, Herrmann

Minkowski wurde am 22. Juni 1864 in Aleksotas (Litauen) geboren. Bereits 1880 begann er als Sechzehnjähriger sein Universitätsstudium an den Universitäten von Berlin und Königsberg und promovierte 1885 in Königsberg. Im Jahre 1902 wurde er Professor an der Universität Göttingen. Von Minkowski stammen bahnbrechende Arbeiten zur Zahlentheorie, Geometrie [Mi97] und Relativitätstheorie. Seine große Leistung auf dem Gebiet der Relativitätstheorie besteht in der mathematischen Durchdringung der von Einstein entwickelten

Elektrodynamik bewegter Körper unter dem Gesichtspunkt der Invarianz bei den sogenannten Lorentz-Transformationen Die bei Minkowskis frühem Tod hinterlassenen weiteren Notizen der Relativitätstheorie wurden später von Max Born bearbeitet und herausgegeben.

Das Hauptinteresse Minkowskis lag auf dem Gebiet der reinen Mathematik. Er widmete viel Zeit der Untersuchung quadratischer Formen und der Kettenbrüche. Seine wichtigste Entdeckung jedoch war die „Geometrie der Zahlen" [Mi12], in der er konvexe Körper und Packungsprobleme studierte. Im Mittelpunkt seiner zahlentheoretisch-geometrischen Untersuchungen steht der sogenannte „Gitterpunktsatz". Dieser besagt, daß ein zum Nullpunkt symmetrisches konvexes Gebiet vom Flächeninhalt 4 außer dem Nullpunkt im Inneren oder auf dem Rande noch mindestens zwei weitere Punkte mit ganzzahligen Koordinaten besitzt.

So anschaulich und einfach zu beweisen dieser Satz auch ist, es bedurfte des Genies eines Minkowskis, um ihn zu finden und seine Bedeutung für die Zahlentheorie zu erkennen. Minkowski starb am 12. Januar 1909 in Göttingen. Eine ausführliche Würdigung des Lebens und der Leistung von Minkowski hat Hilbert in seiner Gedächtnisrede zu Ehren von Minkowski gehalten (siehe [Mi89]).

Moran, Patrick Alfred Pierce

Moran wurde am 14. Juli 1917 in Sydney geboren. Im Alter von sechzehn Jahren begann er sein Studium an der Universität Sydney, im ersten Jahr Chemie, dann zwei Jahre lang Zoologie und schließlich für weitere drei Jahre (bis 1937) Mathematik und Physik. Besonders in der Mathematik erreichte er sehr gute Studienerfolge. Nach einem weiteren Studienjahr in Cambridge begann er seine wissenschaftliche Arbeit am Institut für Statistik der Oxford University. Im Jahre 1952 kehrte Moran nach Canberra zurück und gründete dort als Professor den Bereich Statistik der Australian National University. In Canberra arbeitete er vor allem auf dem Gebiet der stochastischen Geometrie [Ke63, Mo66, Mo72]. Als Moran 1982 sein 65. Lebensjahr vollendete, wurde er emeritiert. Er erlitt fünf Jahre später

einen Schlaganfall, der seine gesamte linke Körperseite lähmte. Am 19.
September 1988 starb er an einem Herzversagen. Zu dieser Zeit waren
von den fünfzehn australischen Statistik-Professoren neun durch seine
Schule gegangen, entweder als Studenten oder als Mitarbeiter.

Poincaré, Henry

 Poincaré wurde am 29. April 1854 in Nancy
geboren und starb am 17. Juli 1912 in Paris. Er
überblickte die ganze Mathematik, die reine
wie die angewandte, und brachte es auf knapp
250 Publikationen aus so verschiedenen Gebieten wie Topologie, Theorie der komplexen
Funktionen, Differentialgleichungen, Wahrscheinlichkeitstheorie, Optik und Himmelsmechanik. Im Jahre 1881 wurde er Professor
für Mathematische Physik an der Sorbonne, wo
er bis zu seinem Tode wirkte.

Das 1895 erschiene Buch „Analysis situs" liefert eine systematische
Behandlung der Topologie. Er beschäftigte sich mit Optik, Elektrizität,
Telegraphie, Elastizität, Thermodynamik, Quantenmechanik, Relativitätstheorie und Kosmologie. So war er einer der letzten Universalisten
auf dem Gebiet der Naturwissenschaft.

Seine teilweise allgemeinverständlich geschriebenen Bücher über
die Grundlagen der Wissenschaft hatten eine nachhaltige Wirkung und
trugen zum Interesse an den Problemen der modernen Mathematik bei
(für die literarische Brillanz seiner Schriften wurde Poincaré in die
Akademie aufgenommen). In seinem Buch „Science et Méthode", das
1914 erschien, betont er über das Zustandekommen einer mathematischen Entdeckung folgendes:

„...es ist jene Tätigkeit des menschlichen Geistes, bei der er sich
am wenigsten auf die äußere Welt stützt. Wenn wir die Vorgänge
beim mathematischen Denken verstehen, können wir hoffen,
zum wesentlichen Kern des menschlichen Geistes vorzudringen."

Die eindeutige Bestimmtheit der Dichte $dG = dpd\varphi$ der Menge aller
Geraden $x\cos\varphi + y\sin\varphi = p$ durch ihre Invarianz gegenüber Bewegungen
hat zuerst Poincaré in seiner Vorlesung über Wahrscheinlichkeits-

rechnung 1896 hervorgehoben [Po96]. Er verallgemeinerte den Begriff dG als „kinematische Dichte". Auch die Formel $\int n_K \, dK = 4LL'$, die die Abhängigkeit der „Anzahl aller Schnittpunkte" zwischen zwei Kurven mit den Längen L und L' angibt, stammt von Poincaré.

Radon, Johann

Radon wurde am 16. Dezember 1887 in Leitmeritz (jetzt Litomerice) in Böhmen geboren. In Wien erwarb er 1910 den Doktortitel mit einer Arbeit über Variationsrechung.

Ab 1919 war Radon Mathematikprofessor in Hamburg und dann ab 1922 in Greifswald. In den Jahren 1925 bis 1928 lehrte er in Erlangen und danach bis 1945 an der Universität Breslau. Schließlich kehrte er 1947 wieder nach Wien zurück, wo er bis zu seinem Lebensende am 25. Mai 1956 blieb.

Radon beschäftigte sich mit einer auf den ersten Blick recht theoretisch erscheinenden Frage: Es sei eine Funktion f gegeben. Angenommen wir kennen längs jeder Geraden G das Integral von f über G. Können wir daraus auf die Funktion f zurückschließen?

Die mathematische Antwort, die Radon gab, ist heute unter dem der Begriff „Radon- Transformation" bekannt. Sie ist die theoretische Grundlage der modernen Computer-Tomographie [Ra17].

Das Beispiel der Radon-Transformation ist in mehrfacher Hinsicht lehrreich. Radon dachte nicht im entferntesten an eine Anwendung oder gar an den Computer-Tomographen. Er hatte vielmehr eine innermathematische Motivation zur Betrachtung des Problems.

Daß eine zunächst praxisfern anmutende mathematische Fragestellung mehr als ein halbes Jahrhundert später eine höchst nützliche Anwendung findet, ist ein wunderbares Beispiel gegen die weit verbreitete Betrachtung der Wissenschaft unter kurzfristigen Kosten/Nutzen-Erwägungen. Ebenso zeigt dieses Beispiel, daß es mitunter müßig ist, zwischen „reiner" und „angewandter" Mathematik unterscheiden zu wollen.

Reuleaux, Franz

Reuleaux wurde am 30. September 1829 in Eschweiler-Pumpe (Nordrhein-Westfalen) geboren. Er war ein Ingenieur, der auf vielen Gebieten des Maschinenbaus aktiv gewesen ist. Insbesondere versuchte er, den Maschinenbau in eine exakte Wissenschaft zu verwandeln. Reuleaux wurde mit seinen Aktivitäten auch von Gustav Zeuner bemerkt, der ihn an 1856 als ordentlichen Professor zur mechanisch-technischen Abteilung des Eidgenössisches Polytechnikum Zürich holte. Das Prinzip der Einheit von Lehre und Forschung, welches in Zürich einen hohen Stellenwert besaß, kam Reuleaux sehr entgegen. So konnte er seine Schüler auch schnell begeistern. In der Züricher Zeit entstand sein Lehrbuch „Der Construkteur", welches drei Jahrzehnte lang als Standardwerk galt (es erschien ab 1861 in fünf Auflagen und vier Sprachen).

1864 folgte Reuleaux einen Ruf des Gewerbeinstituts Berlin. Gleichzeitig wurde er Mitglied der Technischen Deputation für das Gewerbe, vier Jahre später Direktor des Instituts. Nach dem Zusammenschluß mit der Bauakademie zur TH Charlottenburg im Jahr 1879 leitete er zunächst die Abteilung für Maschinenwesen, bevor er 1890 Rektor wurde.

In dieser Zeit beschäftigte sich Reuleaux mit der seinerzeit noch unterentwickelten Kinematik, der er einen entscheidenden Impuls gab. Sein Buch „Theoretische Kinematik" [Re75] fand viele Bewunderer, aber auch zahlreiche Gegner (in den achtziger und neunziger Jahren des 19. Jahrhunderts entstanden viele Maschinenbau-Labore, die alle empirisch arbeiteten und sich nicht auf komplizierte Berechnungen stützten). In diesen Jahren beteiligte sich Reuleaux auch maßgeblich an der Schaffung eines einheitlichen Patentgesetzes. Er förderte das Kunstgewerbe, befaßte sich intensiv mit dessen Reorganisation und stellte dafür wichtige Grundsätze und Richtlinien auf. Seine literarische Ader zeigte sich in Reisebeschreibungen und Gedichtübersetzungen – er sprach sogar Arabisch und Sanskrit.

1888 kam Alois Riedler (1850–1936) als Professor an die TH Charlottenburg, der sich zum Gegenspieler von Reuleaux entwickelte und sogar dafür sorgte, das Reuleaux 1896 seine Lehrtätigkeit beendete. Doch Reuleaux verfolgte seine Ideen weiter. Ein zweiter Band seiner Kinematik erschien 1900. Auch ein dritter Band war geplant, konnte aber nicht mehr fertiggestellt werden. Reuleaux starb am 20. August 1905 in Berlin-Charlottenburg. Im Rahmen der Integralgeometrie ist Franz Reuleaux durch das „Reuleaux-Dreieck" bekannt, das für alle Richtungen die gleiche Breite besitzt (es existieren auch weitere Objekte wie etwa das „Reuleaux-Tetraeder", [Ze81]). Das Reuleaux-Dreieck kann zum Bohren von „viereckigen" Löchern genutzt werden (siehe Abschnitt 1.2.2). Erfunden hat den entsprechenden Bohrer der britische Ingenieur Harry James Watt 1914.

Rosiwal, August

Rosiwal wurde am 2. Dezember 1860 in Wien geboren. Er studierte Geologie an der Technischen Universität Wien und war dort in den Jahren 1885–1891 Assistent im Institut für Geologie. Ab 1892 war er Privatdozent und an 1898 Honorardozent für dieses Fach.

Hauptberuflich war Rosiwal an der Geologischen Reichsanstalt tätig, für die er sechs hochkomplizierte Blätter der Geologischen Karte Österreichs mit einer bis dahin noch nicht gekannten Genauigkeit und Vielfalt aufgenommen hat. Ab 1918 war er Ordinarius am Institut für Geologie der TU Wien.

Mit Rosiwal entwickelte sich die technische Geologie und Gesteinskunde an der Hochschule. Im Studienjahr 1919/20 tritt in seinen Vorlesungen zum ersten Male die Bezeichnung „Technische Geologie" auf (Sondierung, Abbaumethoden, Anwendung der Geologie bei der Wasserversorgung, im Grundbau, Wasser-, Straßen-, Eisenbahn- und Tunnelbau).

Schon frühzeitig hatte er sich eingehend mit Fragen einer technischen Petrographie befaßt. Allgemein bekannt sind seine Untersuchungen über Bohrfestigkeit der Gesteine und über die absolute Schleifhärte der Mineralien in Gegenüberstellung zur relativen Ritzhärte von Friedrich Mohs (1773-1839).

Bereits im Jahre 1898 publizierte Rosiwal eine Methode, um das Vorgehen von Delesse zu ersetzen (statt mit Flächenanteilen in der Delesse-Formel $V_V = A_A$ zur Bestimmung der Volumenanteils einzelner Phasen sollen jetzt Längenanteile vermessen werden, also $V_V = L_L$). Rosival hat damit die Idee von Delesse zu einer klar definierten Methode ausgearbeitet.

Allerdings gab er keinen exakten Beweis für die Richtigkeit seiner Formel. Er betont jedoch, daß die Linien nicht unbedingt parallele Geraden sein müssen [Ro98]. Obwohl Rosivals Methode relativ rasch von den Geologen akzeptiert wurde, ist sie erst deutlich später von Biologen und Medizinern angewendet worden (vorrangig durch Weibel, Elias und Underwood).

Trotz seiner hervorragenden Leistungen auf vielen Gebieten der Geologie hatte der schon kränkliche Rosiwal erst mit 58 Jahren – überdies in den katastrophalen Hungerjahren nach dem Zusammenbruch der Monarchie – die Leitung und damit auch die Modernisierung des Instituts für Geologie übernommen. Die zusätzliche Belastung durch eine anstrengende zweijährige Dekanatsarbeit von 1921 bis 1923 richteten seine Gesundheit vollends zugrunde, so daß er schon am 9. Oktober 1923 in Wien starb.

Santaló, Luis Antonio

Santaló wurde am 9. Oktober 1911 in Gerona (Spanien) geboren und starb am 22. November 2001 in Buenos Aires. Im Jahre 1927 begann er in Madrid ein Studium auf dem Gebiet des Straßenbaues, fühlte sich aber bald zu den exakten Wissenschaften hingezogen.

Er erhielt ein Stipendium und konnte ab 1934 bei Blaschke an der Hamburger Universität studieren. Dort begann er sehr rasch, Arbeiten zur Integralgeometrie zu publizieren, zuerst angeleitet durch Blaschke, dann aber bald auch unabhängig von seinem Lehrer, der ihn achtete und sogar bewunderte. Diese beiden Wissenschaftler, Blaschke und Santaló, wurden so die Begründer der Integralgeometrie. Obwohl Santaló nur ein Jahr lang in

Hamburg arbeitete, blieb der Kontakt zwischen den beiden Mathematikern auch weiterhin bestehen.

Santaló kehrte nach Madrid zurück und legte bereits 1936 seine Doktorarbeit vor: „Nuevas aplicaciones al concepto de medida cinemática en el plano y en el espacio". Auf Grund des spanischen Bürgerkrieges flüchtete er 1939 nach Frankreich und konnte mit Unterstützung von Blaschke und Cartan nach Argentinien emigrieren. Nach dem Krieg erhielt er ein Stipendium, das ihm den Aufenthalt in Princeton in den Vereinigten Staaten erlaubte. Dort bekam er auch Kontakt zu deutschen Wissenschaftlern wie Einstein und Gödel.

Von 1957 bis zu seiner Eremitierung 1987 war Santaló Professor an der Fakultät für Mathematik und Naturwissenschaften der Universität von Buenos Aires. Hier lehrte und forschte er auf den Gebieten der Integralgeometrie, der stochastischen Geometrie und der Stereologie. Seine beiden richtungsweisenden Bücher über Integralgeometrie [Sa53, Sa76] wurden auch ins Russische und Chinesische übersetzt. Anläßlich der Verleihung der Ehrendoktorwürde durch die Universität Barcelona im Jahre 1977 sagte Santaló:

„Um die Rolle der Mathematik zu verstehen, müssen wir sehen, daß die Mathematik drei Merkmale hat. Sie ist eine Kunst, erfordert Kreativität und dient der Phantasie. Sie ist eine Wissenschaft, weil wir durch sie ein besseres Verständnis der Realität gewinnen. Und sie dient der Praxis, weil sie Methoden liefert, um die im täglichen Leben auftretenden Probleme zu lösen ... Diese drei Seiten können nicht voneinander getrennt werden. Versteift man sich nur auf die Kunst, dann wird die Mathematik mystisch und philosophisch. Schränkt man sie auf die Wissenschaft ein, wird sie trocken und inhaltsleer wie die Scholastik. Und ist sie reine Technik, so erreicht sie schnell die Grenzen ihrer Möglichkeiten und wird zu einer monotonen und sterilen Routine."

Santaló hat den bereits von Poincaré eingeführten Begriff der kinematischen Dichte ausgenutzt, um außer einer systematischen Darstellung der Integralgeometrie auch deren Anwendung auf viele Fragestellungen zu ermöglichen [Sa35, Sa53, Sa76]. Er gab bereits 1936 in Zusammenarbeit mit Blaschke die „kinematische Hauptformel" an, die die Anzahl aller Treffer zweier konvexer Körper bestimmt (siehe Abschnitt 3.1.5).

Schneider, Rolf

Rolf Schneider wurde 1940 in Westfalen (Deutschland) geboren. Er erwarb 1967 den Doktorgrad in Mathematik an der Universität Frankfurt am Main und habilitierte sich 1969 an der Universität Bochum. Anschließend lehrte er an der Universität Frankfurt, der Technischen Universität Berlin und seit 1974 an der Universität Freiburg im Breisgau.

Im Mai 2005 fand aus Anlaß seines 65. Geburtstages ein „Workshop on Geometric Inequalities" in Florenz statt. Das Arbeitsgebiet von Rolf Schneider umfaßt die Konvexgeometrie, die Integralgeometrie und die Stochastische Geometrie [Sc00, Sc04, Sc88, Sc92]. In allen drei Bereichen zählt er zu den führenden Persönlichkeiten im Weltmaßstab und hat bahnbrechende Beiträge geleistet, die in einer großen Zahl von Publikationen in den angesehensten mathematischen Fachzeitschriften ihren Niederschlag gefunden haben. Seine 1993 erschienene Monographie "Convex Bodies in the Brunn-Minkowski Theory" ist zum Klassiker der Konvexgeometrie geworden [Sc93].

Serra, Jean

Serra wurde 1940 in Algerien geboren. Seine Promotion auf dem Gebiet der Mathematischen Geologie schloß er 1967 an der Universität in Nancy ab. Seither lebte und arbeitete er in Fontainebleau bei Paris.

Der Begriff „Mathematische Morphologie" wurde im Rahmen der Zusammenarbeit zwischen Serra und Matheron im Sommer 1964 geprägt. Die beiden gründeten 1967 das Centre de Morphologie Mathématique an der Ecole des Mines de Paris.

Die dort erarbeiteten Forschungsergebnisse faßte Serra in zwei umfangreichen Bänden „Image Analysis and Mathematical Morphology" zusammen [Se84]. Doch repräsentiert dieses Werk nur einen

Bruchteil seiner Publikationstätigkeit, die sich insgesamt in zwölf Büchern, über 140 wissenschaftlichen Artikeln und etlichen Patenten zu Geräten der Bildverarbeitung widerspiegelt.

Serra war in den Jahren 1979–1983 Vizepräsident der *International Society of Stereology* (ISS) und er gründete 1993 die *International Society for Mathematical Morphology* und wurde ihr erster Präsident. Andere seiner Interessengebiete sind der Gesang (1972-1984 Mitglied des *Russian Liturgical Choir of the Holy Trinity Church* in Paris) und das Orgelspiel (seit 1988 ist er Organist an der St.Peter-Kirche in Avon).

Steiner, Jakob

Steiner wurde am 18. März 1796 als Sohn des Niklaus Steiner und der Anna Barbara Weber in Utzenstorf in der Schweiz geboren. Bis zu seinem vierzehnten Lebensjahr wuchs er ohne Schulbildung auf, und konnte sich auch dann in der Dorfschule nur bescheidene Kenntnisse aneignen. Im Jahre 1814 kam er zur weiteren Ausbildung in die Lehranstalt von Pestalozzi (1746–1827) nach Yverdon, wo die außergewöhnliche, mathematische Begabung des Bauernburschen erkannt und gefördert wurde. Ab 1818 besuchte Steiner die Universität Heidelberg und wurde danach Lehrer an der Kriegsschule in Berlin. Dort galt er bald als der beste Privatlehrer in Mathematik. Er veröffentlichte mehrere Arbeiten über geometrische Probleme in Crelles neu gegründetem Journal, wurde 1827 Oberlehrer am Gewerbeinstitut und 1834 Mitglied der Berliner Akademie. Die Universität Königsberg verlieh ihm den Doktortitel. Bald wurde der geniale Mathematiker auf Betreiben von Alexander Humboldt 1834 Hochschullehrer (zu seinem Mißvergnügen erhielt er aber nur eine außerordentliche Professur) und wirkte als solcher lange Jahre in Berlin. In seinen späteren Jahren begab er sich auf Reisen und wohnte zuletzt in Bern, wo er am 1. April 1863 einsam und verbittert starb.

Steiner war ein großer Geometer, dem das Erfassen räumlicher Zusammenhänge mehr lag als irgendein Kalkül. Von ihm stammt die

Formel $V_d = V + S \cdot d + M \cdot d^2 + T \cdot d^3/3$ für das Volumen des im Abstand d verlaufenden äußeren konvexen Körpers in Abhängigkeit vom Volumen V, dem Oberflächeninhalt S, dem Integral M der mittleren Krümmung und der Gaußschen Totalkrümmung $T = 4\pi$ des inneren konvexen Körpers (siehe Abschnitt 3.1.5). Er schrieb seine Arbeiten oft mit Jacobi zusammen, der ihm manchmal (mit analytischen Methoden) die Beweise lieferte, die er selbst nicht finden konnte. Eine besonders schöne Leistung Steiners ist seine Lösung des isoperimetrischen Problems. Er zeigte mit einfachen und anschaulichen Mitteln, daß keine vom Kreis verschiedene Kurve das isoperimetrische Extremalproblem befriedigen kann.

Steiner war auch einer der Begründer der projektiven Geometrie. Ein bekanntes Resultat ist das Steiner-Poncelet-Theorem, nach dem allein ein gegebener Kreis und eine Gerade für alle euklidischen Konstruktionen ausreichend sind. Der Algebra und Analysis begegnete er mit einem gewissen Mißtrauen, weil ihre Formalismen das Denken hindern könnten, während die Geometrie nur förderlich dafür wäre. Die folgende Anekdote möge ein Beispiel sein:

Steiner hielt seine Geometrievorlesung in Berlin. Viele seiner Studenten dachten eher an das Glas Wein, das sie bald in kleinen Schlucken genießen würden, als an die Schnittpunkte eines mehrschaligen Hyperboloids, mit denen Steiner sie traktierte.

„Ich frage", warf Steiner zur Aufmunterung ein, „was ist der kürzeste Weg, um die vier Spitzen eines Quadrats zu verbinden?". Die größten Schlafmützen unter seinen Studenten erwachten: „Der Quadratumfang", riefen sie und lachten über diese simple Lösung. „Demnächst fragt er uns noch nach der Farbe des Roten Kreuzes!", rief ein Witzbold.

„Eben nicht", korrigierte sie Steiner. „Die vier Seiten des Quadrats sind nicht nötig, Sie können eine davon weglassen. Wenn die Spitzen einen Kilometer voneinander entfernt sind, dann ist der kürzeste Weg..."

„Drei Kilometer", ergänzten die Studenten, denn sie glaubten, ihn verstanden zu haben.

„Nun, das ist schon wieder falsch", lachte Steiner. „Fügen Sie zwei Gabelungspunkte hinzu, die Sie auf diese Weise verbinden", er demonstrierte es an der Tafel, „und schon verkürzt sich der Weg auf 2.7 Kilometer Länge."

„Sie hatten uns nicht gesagt, daß man Punkte hinzufügen kann",
murrte ein Student.

„Aber ich habe auch nicht gesagt, daß man keine hinzufügen
kann", lächelte Steiner. „In der Mathematik ist alles, was nicht
verboten ist, erlaubt."

Der Schriftsteller Theodor Fontane (1819–1898) hatte in seiner Schul-
zeit einen guten Mathematiklehrer, nämlich Jakob Steiner. Noch im
hohen Alter erinnert sich Fontane an die einstigen Rechenaufgaben und
bekennt in einem Gedenkartikel seine Hochachtung für Steiner und
seine Seelenverwandtschaft mit ihm, sagt aber zugleich von sich, er sei
mathematisch gänzlich unbegabt.

Spezielle Passagen in Fontanes Werken und Briefen zeigen indes,
daß er den Umgang mit Zahlen souverän bewältigte und auch die
„Mathematik als Formdenken" beherrschte. Der psychisch und auch
hinsichtlich einer Lernkultur bemerkenswerte Fall läßt sich klären:
Fontanes Beruf als Apotheker, der Rechenfertigkeiten erforderte und
ihm lebenslang als eine unakademische Laufbahn peinlich war, hin-
derten ihn daran, sich zu seinen mathematischen Talenten zu bekennen.

Stoyan, Dietrich

Stoyan wurde am 26. November 1940 geboren.
Er studierte von 1959 bis 1964 Mathematik an
der Technischen Universität Dresden, promovierte 1967 und habilitierte sich 1975. Ab dem
folgenden Jahr arbeitete er als Assistent, dann
als Professor für Angewandte Statistik an der
Bergakademie Freiberg, deren Rektor er von
1991 bis 1997 war.

In Anerkennung seiner wissenschaftlichen
Leistungen auf dem Gebiet der Wahrscheinlichkeitstheorie und Mathematischen Statistik
[Me90, St83, St87, St95] wurde ihm im Oktober 2001 der Ehrendoktor
der Technischen Universität Dresden verliehen. Seit 2002 ist Dietrich
Stoyan Mitglied der Deutschen Akademie der Naturforscher Leopol-
dina in der Sektion Mathematik. Seine Tochter Irene Rothe ist Pro-

fessor für Mathematik an der Fachhochschule Bonn-Rhein-Sieg. Auch die beiden Brüder von Dietrich Stoyan sind Mathematiker: Gisbert Stoyan arbeitet in Budapest auf dem Gebiet der Numerischen Mathematik, Herbert Stoyan ist Informatiker in Erlangen.

Sulanke, Rolf

Sulanke wurde 1930 in Berlin geboren und studierte dort ab 1948 an der Humboldt-Universität Chemie und Mathematik. Sein Mathematik-Diplom erwarb er 1955. Im Jahre 1960 promovierte er und wurde ab 1961 Oberassistent. Die Habilitation erfolgte 1964 mit der Schrift „Integralgeometrie ebener Kurvennetze".

Speziell in dieser Zeit interessierte er sich für die Probleme der Integralgeometrie [Su62, Su63, Su66, Su72]. Seit 1966 war Sulanke Dozent, und 1975 erfolgte seine Berufung als Professor für Geometrie (seit 1992 C4-Professor für Differentialgeometrie). Bis zu seiner Emeritierung 1995 übte Sulanke diese Aufgabe an der Humboldt-Universität aus. Seine Arbeitsgebiete waren in den letzten Jahren speziell Möbius-Geometrie und Numerik. So hat er sich nach 1990 auch intensiv mit dem Software-Paket MATHEMATICA beschäftigt.

Tomkeieff, Sergei Ivanovitch

Sergei Ivanovitch Tomkeieff wurde 1892 in Rußland geboren. Er arbeitete später für viele Jahre an der University of Newcastle-upon-Tyne in England. Auf Grund seiner vielfältigen Interessen in Mineralogie, Petrologie und Petrochemie baute er dort eine umfangreiche Bibliothek auf, die viele frühere geologische Arbeiten enthielt (unter anderem auch viele russische Arbeiten). Die University of Sydney konnte diese Sammlung nach Tomkeeiffs Tod 1968 erwerben.

Den Stereologen und Integralgeometern ist Tomkeieff bekannt durch seine 1945 angegebene Formel $S_V = 4 \cdot L_A / \pi$, die die Gesamtlinienlänge je Flächeneinheit L_A mit der Gesamtfläche je Volumen S_V verknüpft [To45].

Underwood, Ervin Edgar

Underwood wurde am 30. Januar 1918 in Gary (Indiana) in den USA geboren. Ab 1936 arbeitete er dort in der Carnegie-Illinois Corporation als Laborant, bevor er 1937 an der Purdue University in West Lafayette/Indiana mit dem Studium der Metallurgie begann. Drei Jahre später verließ die Universität, um im Open Hearth Department der Carnegie-Illinois Steel Corporation als „Metallurgical Observer" zu arbeiten. Underwood trat 1941 in die US-Army ein, und am Kriegsende war er auf dem Gebiet der Produktionskontrolle in Europa beschäftigt, um mitzuhelfen, die deutsche Eisenindustrie wieder aufzubauen.

Nach dem Ende seiner Dienstzeit ging er 1946 wieder an die Purdue University zurück und erhielt 1949 den Batchelor in Metallurgical Engineering. Den Science of Master erwarb er im Jahre 1951 am Massachusetts Institute of Technology (MIT). Danach begann er als Forschungsassistent im Metallurgy Department zu arbeiten und reichte 1954 seine Dissertationsschrift „Precipitation in gold-nickel alloys" am MIT ein.

Seine umfangreiche Tätigkeit in der Metallforschung führte Underwood zur Stereologie. Sein Buch „Stereology and Quantitative Metallography" ist gewissermaßen ein klassisches Standardwerk dieses Fachgebietes geworden [Un70, Un72].

Weibel, Ewald R.

Weibel wurde am 5. März 1929 in Buchs in der Schweiz geboren. Er begann sein Studium an der Universität Zürich, wo er im Jahre 1955 den Doktorgrad erwarb und als Assistenz-Professor für Anatomie eingestellt wurde.

Nach einem Forschungsaufenthalt in den Jahren 1958 bis 1962 an der Yale University in New Haven (USA) und an der Rockefeller University in New York kehrte er 1960 wieder in die Schweiz zurück, lehrte und forschte an der Universität von Bern, wo er von 1966 bis zu seiner Emeritierung 1994 Professor für Anatomie und Direktor des Anatomischen Instituts der Universität war.

Weibel begann 1959 im Cardiopulmonary Laboratory am Bellevue Hospital in New York zu arbeiten. Er wurde dort angestellt, um „irgend etwas über die Lungenstruktur herauszubekommen, was für die Physiologen von Interesse sein könnte". Über diese Zeit berichtete er: „Nach weiteren zwei Jahren, die ich am Rockefeller-Institut verbrachte, spürte ich, daß die entwickelten Methoden – unter anderem auch aus der Metallurgie übernommen – besonders in der Zellbiologie lohnend sein könnten" [We86].

Weibel ist weltweit bekannt für seine Arbeiten auf dem Gebiet der Lungenphysiologie. Seine Hauptwerke sind „Morphometry of the Human Lung" [We63] und „Stereological Methods for Biological Morphometry" [We79, We80].

Weil, Wolfgang

Wolfgang Weil wurde 1945 in Kitzingen geboren und studierte von 1964 bis 1968 Mathematik und Physik in Frankfurt am Main an der Johann-Wolfgang-Goethe- Universität. Bereits seine erste Publikationen, die er gemeinsam mit Rolf Schneider verfaßte, beschäftigte sich mit der Integralgeometrie [Sc70]. 1971 promovierte er in Frankfurt zum Dr.phil.nat. mit dem Thema „Anwendungen der Maßtheorie auf Probleme über Oberflächenmaße konvexer Körper".

Ab 1971 war Weil Assistent an der Technischen Universität Berlin und danach an der Universität in Freiburg. Dort erfolgte 1976 auch seine Habilitation. Von 1978 bis 1980 war er Akademischer Rat in Freiburg und wurde 1980 zum Professor und Leiter der Arbeitsgruppe „Konvexe Geometrie" im Mathematischen Institut II der Universität Karlsruhe berufen.

Zur Integralgeometrie kam Weil durch ein Problem von Firey: Zwei konvexe Körper, bei denen gewisse Randmengen eingefärbt sind, werden zufällig so bewegt, daß sie sich berühren. Wie groß ist die Wahrscheinlichkeit, daß die Berührung in gefärbten Randpunkten stattfindet? Diese Fragestellung und das 1975 erschienene Buch „Random Sets and Integral Geometry" von Matheron waren die Auslöser, daß er sich ab 1978 intensiv mit Integralgeometrie und Stochastischer Geometrie befaßte [Me90, Sc00, Sc92].

Wicksell, Sven Dag

Wicksell wurde am 22. Oktober 1890 geboren und begann seine Laufbahn als Astronomiestudent bei Charlier (1861–1934) in Lund (seine Doktorarbeit aus dem Jahre 1915 behandelt die aus den beobachtbaren Sternbewegungen ableitbaren wahren Bewegungen der Sterne). Nach der Promotion war Wicksell ab 1915 zehn Jahre lang Dozent für mathematische Statistik an der Universität Lund, ehe er hier 1926 den neu gegründeten Lehrstuhl für Statistik übernahm.

Sven Dag war der Sohn des bekannten Ökonomen Knut Wicksell (1851–1926), der in Uppsala Mathematik und Physik studiert hatte. Ab 1900 war Knut Wicksell Professor für politische Ökonomie in Lund. Sein damals sehr bekanntes Buch „Geldzins und Güterpreise" erschien 1898 auch in Jena in deutscher Sprache. Knut Wicksell plädierte für eine gleichmäßigere Verteilung des Reichtums zur Beseitigung der gravierenden Klassenunterschiede in der Gesellschaft.

Der Astronom Charlier und seine Mitarbeiter, allen voran Wicksell, waren auch sehr aktiv bei der Anwendung statistischer Methoden auf nicht-astronomische Probleme. So bearbeiteten sie verschiedene Aufgaben der Bevölkerungsstatistik für Schweden und Norwegen, der Modernisierung der Regierungsarbeit und der Industrie.

Im Jahre 1925 publizierte Wicksell seine bekannte Arbeit zum Kugelproblem in der Zeitschrift Biometrika [Wi25]. Ein Jahr später veröffentlichte er eine Erweiterung des Kugelproblems auf die Untersuchung von elliptischen Objekten [Wi26]. Doch diese heute immer wieder referierten Arbeiten blieben geometrische Eintagsfliegen. Wicksell starb am 20. Februar 1939.

6 Lösungen der Übungsaufgaben

Aufgaben Teil 1

A1.1

Berechne die Stützfunktion $p(\varphi)$ eines achsenparallelen Quadrates der Seitenlänge a, dessen Mittelpunkt im Ursprung O des Koordinatensystems liegt!

Die Tangenten an das Quadrat berühren die Ecken des Quadrates. Für den Bereich $0 \leq \varphi \leq \pi/2$ des Normalenwinkels der Tangente besitzt die Ecke E_1 die Koordinaten $(a/2, a/2)$. Im rechtwinkligen Dreieck O-E_1-S_φ mit S_φ als Stützpunkt der Tangente und $n=1$ gilt

$$p(\varphi) = \frac{a}{\sqrt{2}} \cdot \cos\left(n \cdot \frac{\pi}{2} - \frac{\pi}{4} - \varphi \right) \quad .$$

Die Stützfunktion in den anderen drei Quadraten für die Winkel $(n-1) \cdot \pi/2 \leq \varphi \leq n \cdot \pi/2$ genügt mit $n=2$, $n=3$ oder $n=4$ der gleichen Formel.

A1.2

Untersuche, wie sich die Stützfunktion einer konvexen Figur ändert, wenn die Figur um Δx und Δy verschoben wird!

Jeder Punkt (x,y) der Figur geht durch die Verschiebung in $(x+\Delta x, y+\Delta y)$ über. Ersetzen wir nun in der Formel (1.1) die Werte x und y

$$x \cdot \cos\varphi + y \cdot \sin\varphi = p(\varphi) - \Delta x \cdot \cos\varphi - \Delta y \cdot \sin\varphi = p_\Delta(\varphi)$$

durch die neuen Werte, so erhalten wir die Gleichung und damit die neue Stützfunktion $p_\Delta(\varphi)$.

A1.3

Gegeben sei ein Quadrat der Seitenlänge a, das durch Geraden geschnitten wird. Berechne den Anteil v derjenigen Geraden, die gegenüberliegende Quadratseiten schneiden!

Die Lösung dieser Aufgabe erhalten wir mit Hilfe des Croftonschen Seilliniensatzes (Abschnitt 1.3.3). Die beiden konvexen Figuren K_1 und K_2 der Abbildung 1.11 sind in unserem Beispiel die beiden gegenüberliegenden Quadratseiten mit den Umfängen $U_1 = U_2 = 2a$. Die Länge der gekreuzten Seillinien ist $U_{cross} = 2a(1+\sqrt{2})$. Also ist die integralgeometrische Anzahl der K_1 und K_2 nicht schneidenden

Geraden durch die Beziehung $U_{cross} - U_1 - U_2$ gegeben und die integralgeometrische Anzahl der K_1 und K_2 schneidenden Geraden durch $U_{cross} - U_{ges}$ mit $U_{ges} = 4a$. In beiden Fällen werden gegenüberliegende Quadratseiten geschnitten, so daß der Anteil dieser Geraden bestimmt ist durch

$$v = \frac{N_0 + N_{12}}{N_{ges}} = \frac{2(U_{cross} - 4a)}{4a} = \sqrt{2} - 1 .$$

A1.4

Untersuche das in Aufgabe 1.3 gestellte Problem für beliebige Rechtecke und zeige, daß der minimale Anteil v für Quadrate erreicht wird!
Für Rechtecke (a,b) erhält man die Umfänge

$$U_{cross} = 2\left(a + \sqrt{a^2 + b^2}\right)$$
$$U_1 = U_2 = 2a \quad , \quad U_{ges} = 2(a + b) .$$

Daher ist

$$v = \frac{\left(U_{cross} - U_1 - U_2\right) - \left(U_{cross} - U_{ges}\right)}{U_{ges}} =$$

$$= \frac{2\sqrt{a^2 + b^2} - a - b}{a + b} = \frac{2\sqrt{\lambda^2 + 1} - \lambda - 1}{\lambda + 1}$$

mit $\lambda = a/b$. Der Minimalwert von $v(\lambda)$ ergibt sich mit $v(1) = \sqrt{2} - 1$ für Quadrate und der Maximalwert mit $v(0) = v(\infty) = 1$.

Aufgaben Teil 2

A2.1

Bestimme für die drei nebenstehenden Figuren die Totalkrümmungen T_1, T_2, T_3!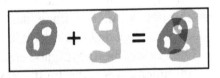

Nach Abschnitt 2.1.4 ist die Totalkrümmung T einer Figur durch den Ausdruck $2\pi \cdot (N_a - N_i)$ gegeben mit N_a als Anzahl der Außenränder und N_i als Anzahl der Innenränder. Also folgen die Ergebnisse $T_1 = -2\pi$, $T_2 = 0$ und $T_3 = -4 \cdot 2\pi$.

A2.2

Berechne das Integral J_U aus (2.16) für den Fall, daß die Figur X entsprechend Abbildung 2.4 aus den beiden Figuren X_1 und X_2 zusammengesetzt ist!

Wenn sich X_1 und X_2 nicht berühren, d.h. wenn der Durchschnitt $X_1 \cap X_2$ leer ist, so gelten für Fläche, Umfang und Totalkrümmung von X die Formeln $F_X = F_1 + F_2$, $U_X = U_1 + U_2$ und $T_X = T_1 + T_2$, so daß man sofort die Gültigkeit der drei Formeln (2.16) zeigen kann. Aber wenn die beiden Teilflächen X_1 und X_2 sich längs einer Linie L mit der Länge l berühren, so würde man im Integral J_U aus (2.16) den Anteil der entarteten Figur L (mit dem Umfang $U_L = 2\,l$) doppelt zählen. Wir müssen also den Betrag

$$\int U_{L \cap X^{\prime}} dX^{\prime} = 2\pi \left(F_L U^{\prime} + U_L F^{\prime} \right) = 2\pi U_L F^{\prime}$$

subtrahieren und erhalten

$$\int U_{X \cap X^{\prime}} dX^{\prime} = 2\pi \left(FU^{\prime} + UF^{\prime} \right) - 2\pi U_L F^{\prime} =$$
$$= 2\pi \left(FU^{\prime} + \left(U_1 + U_2 - 2L \right) F^{\prime} \right) .$$

Die zweite Formel (2.16) gilt also auch für diese nichtkonvexe Figur.

A2.3

Eine ortsfeste konvexe Figur K soll durch einen frei beweglichen Kreisring mit den beiden Radien r_1 und r_2 geschnitten werden. Man berechne den Mittelwert der Länge der in K enthaltenen Kreisbögen im Grenzwert $r_1 \rightarrow r_2 = r$!

Fläche, Umfang und Totalkrümmung der Figur K seien F_K, U_K und $T_K = 2\pi$. Dann ist das Integral über alle Umfänge der Schnittfiguren durch $J_U = 2\pi (F_K U_R + U_K F_R)$ gegeben, das Integral über alle Totalkrümmungen durch $J_T = 2\pi (F_K T_R + U_K U_R + T_K F_R)$. Im Grenzwert $r_1 \rightarrow r_2 = r$ werden nur noch die beiden Stücke des inneren und äußeren Ringrandes zum Umfang der Schnittfiguren beitragen, so daß J_U das Doppelte des Integrals über die Länge der Kreisbögen ist. Wenn man nun noch verlangt, daß der maxi-

male Durchmesser von K kleiner als r_2 ist, werden die Schnittfiguren stets lochfrei sein (aber eventuell aus zwei Teilen bestehen). Also ist der Ausdruck $J_T/2\pi$ die Gesamtanzahl der
Schnittfiguren. Wir finden daher für den gesuchten Mittelwert
(siehe dazu auch Abschnitt 1.2.3)

$$\overline{l} \; = \; \frac{J_U/2}{J_T/2\pi} \; = \; \frac{(2\pi)^2 F_K \cdot r}{U_K \cdot 4\pi r} \; = \; \frac{\pi F_K}{U_K} \; .$$

A2.4

Es sei K eine nichtkonvexe ortsfeste Figur, die von einem Quadrat der
Seitenlänge a gebildet wird, aus dem ein zentrisch gelegener Kreis mit
dem Radius $r<a/2$ ausgeschnitten ist. Man berechne den Mittelwert
der Länge L der Sehnen, die eine frei bewegliche Gerade beim Schnitt
mit K bildet!

Wir betrachten zuerst die Schnitte des „Lochquadrates" K mit einer
Strecke S der Länge l. Die Schnittfiguren bestehen aus jeweils einer
oder zwei Teilstrecken, in jedem Fall also aus konvexen Objekten.
Zur Lösung der Aufgabe verwenden wir die Formeln (2.16) und
(2.23). Die Charakteristika (F,U,T) sind für die Figur K durch
$(a^2-\pi r^2,\, 4a+2\pi r,\, 0)$ gegeben und für die Strecke S durch $(0,\, 2l,\, 2\pi)$.
Also erhalten wir für den mittleren Umfang der beim Schneiden
entstehenden Sehnen das Ergebnis

$$\overline{U} \; = \; \frac{2\pi \cdot 2l\left(a^2 - \pi r^2\right)}{2\pi\left(a^2 - \pi r^2\right) + 2l \cdot (4a + 2\pi r)} \; .$$

In der Grenze $l \to \infty$, d.h. beim Übergang von Strecken zu Geraden,
erhalten wir daraus den Wert $\pi(a^2-\pi r^2)/(2a+\pi r)$ für den mittleren
Umfang der Sehnen, also die mittlere Sehnenlänge

$$\overline{L} \; = \; \frac{\pi\left(a^2 - \pi r^2\right)}{2\,(2a + \pi r)} \; .$$

In der Grenze $r \to 0$ ergibt sich dann die mittlere Sehnenlänge $\pi a/4$
für ein Quadrat der Seitenlänge a (siehe dazu auch Formel (1.15)).

A2.5

Gegeben sei ein Quadrat Q der Seitenlänge a und ein Kreis K vom Radius r. Je nach der Lage der beiden Figuren und dem Verhältnis von a zu r treten bei $Q \cap K \neq \varnothing$ unterschiedlich viele Schnittpunkte zwischen der Randlinie des Quadrates und der Randlinie des Kreises auf. Man berechne für gegebene Werte von a und r die mittlere Schnittpunktanzahl und bestimme, für welches Verhältnis $\alpha = a/r$ diese Anzahl ein Maximum annimmt!

Da uns nur die Schnittpunkte der Ränder interessieren, verwenden wir für den Rand des Quadrates $(F_q, U_q, T_q) = (0, 8a, 0)$ und für den Rand des Kreises $(F_k, U_k, T_k) = (0, 4\pi r, 0)$. Für die Schnittpunkte ergibt sich die Totalkrümmung 2π. Also ist nach (2.15) die Anzahl aller Schnittpunkte durch

$$N_s = F_q T_k + U_q U_k + T_q F_k = 8a \cdot 4\pi r$$

gegeben. Die Anzahl der Schnitte zwischen dem Quadrat mit den Werten $(F_Q, U_Q, T_Q) = (a^2, 4a, 2\pi)$ und dem Kreis mit den Werten $(F_K, U_K, T_K) = (\pi r^2, 2\pi r, 2\pi)$ ist bestimmt durch

$$N_S = F_Q T_K + U_Q U_K + T_Q F_K = a^2 \cdot 2\pi + 4a \cdot 2\pi r + 2\pi \cdot \pi r^2 \ .$$

Daher ist die mittlere Schnittpunktanzahl der Ränder

$$\bar{s} = \frac{N_s}{N_S} = \frac{8a \cdot 4\pi r}{a^2 \cdot 2\pi + 4a \cdot 2\pi r + 2\pi \cdot \pi r^2} = \frac{16\alpha}{\alpha^2 + 4\alpha + \pi} \ .$$

Die Differentiation liefert $-16(\alpha^2 - \pi)/(\alpha^2 + 4\alpha + \pi)^2$, so daß sich das Maximum bei $\alpha = \sqrt{\pi}$ ergibt, d.h. bei $a = 1.7725\, r$.

A2.6

Bestimme den mittleren Abstand $\bar{t}$ zweier Punkte in einem Kreises vom Radius r!

Da die Sehnenlänge s für die Gerade $G = G(p, \varphi)$ durch die Beziehung $(s/2)^2 = r^2 - p^2$ gegeben ist, findet man in Formel (2.45) den Ausdruck $S_4 = 256\pi r^5/15$ für das Integral der vierten Sehnenlängenpotenzen und damit $\bar{t} = (128/45\pi)\, r = 0.9054\, r$.

A2.7

Die Ebene sei gitterförmig in Quadrate der Seitenlänge l eingeteilt. Es wird eine kreisförmige Münze vom Radius $r < l/2$ zufällig auf die Ebene geworfen. Wie groß ist die Wahrscheinlichkeit p_0, daß die Münze ganz im Inneren eines Quadrates liegt? Wie groß ist die Wahrscheinlichkeit p_0, daß die Münze mindestens eine der Gitterlinien schneidet? Der Mittelpunkt der Münze kann mit der Häufigkeit $H = l^2$ irgendwo innerhalb des Quadrates liegen. Wenn sich der Mittelpunkt der Münze in einem kleineren Quadrat der Seitenlänge $l-2r$ befindet, dann tritt kein Schnittpunkt mit den Gitterlinien auf. Die Häufigkeit dafür ist durch $h = (l-2r)^2$ gegeben. Die Wahrscheinlichkeit, daß die Münze ganz im Inneren eines Quadrates liegt, ist $w = h/H = (1-2r/l)^2$. Also schneidet die Münze mindestens eine Gitterlinie mit der Wahrscheinlichkeit $1-w$.

Aufgaben Teil 3

A3.1

Bestimme für eine Kugel vom Radius r die ungefähre Größe der Oberflächenstücke $\Delta S = r^2 \Delta\omega$ mittels der einfachen Beziehung $\Delta\omega = \Delta\beta \Delta\lambda \cos\beta$ für die Winkelbereiche $\Delta\beta = 1°$, $\Delta\lambda = 1°$ und $r = 6380\,\text{km}$! Dabei soll die „geographischen Breite" β die drei Werte $0°$ (Äquator), $23.5°$ (Wendekreis des Krebses) und $66.5°$ (Polarkreis) annehmen.

Mit $180° = \pi$ findet man $1° \approx 0.017453$ und daher die folgenden Resultate:

$$\beta = 0° \qquad \Delta S = r^2 \Delta\omega = 12399\,\text{km}^2$$
$$\beta = 23.5° \qquad \Delta S = r^2 \Delta\omega = 11370\,\text{km}^2$$
$$\beta = 66.5° \qquad \Delta S = r^2 \Delta\omega = 4944\,\text{km}^2$$

A3.2

Bestimme das Integral der mittleren Krümmung für einen geraden Kreiszylinder mit der Länge l und dem Radius r sowie für eine gerade Linie der Länge l! Muß die Linie gerade sein? Für den Zylinder gibt es nur drei Flächen, bei denen zumindest eine der beiden Hauptkrümmungen nicht verschwindet: Das ist auf jeden Fall die Zylinderfläche mit $1/r_1 = 1/r$ und $1/r_2 = 0$. Die

Kanten an den Deckflächen besitzen die Hauptkrümmungen $1/r_1$ $= 1/r$ und $1/r_2 = 1/\varrho$ mit der Gesamtfläche $2 \cdot 2\pi r \cdot \pi \varrho/2$. Daher ist entsprechend Formel (3.6) das Integral der mittleren Krümmung gegeben durch

$$M = 2 \cdot \frac{1}{2} \left(\frac{1}{\varrho} + \frac{1}{r} \right) \cdot 2\pi r \cdot \frac{\pi}{2} \varrho + \frac{1}{2} \cdot \frac{1}{r} \cdot 2\pi r \cdot l =$$

$$= \pi^2 (r + \varrho) + \pi l .$$

In der Grenze $\varrho \to 0$ ergibt sich für den Zylinder also $M = \pi (\pi r + l)$. Für eine gerade Linie folgt in der Grenze $r \to 0$ der einfache Ausdruck $M = \pi l$. Bei einem sehr dünnen, langen und gekrümmten Zylinder spielt neben der Hauptkrümmung $1/r_2 = 1/r$ die an verschiedenen Stellen unterschiedlich große Hauptkrümmung $1/r_1$ keine Rolle, da in der Grenze $r \to 0$ der Ausdruck $(1/r + 1/r_1) \cdot l \cdot 2\pi r/2$ in πl übergeht. Die Linie muß daher nicht gerade sein.

A3.3

Berechne die Werte $\omega_0, \omega_1, \omega_2, \omega_3$ entsprechend Formel (3.20)!
Mit $\Gamma(1/2) = \sqrt{\pi}$, $\Gamma(1) = 1$ und der einfachen Rekursionsformel $\Gamma(x+1) = x \cdot \Gamma(x)$ ergeben sich die Werte $\omega_0 = 1$, $\omega_1 = 2$, $\omega_2 = \pi$ und $\omega_3 = 4\pi/3$. Dementsprechend besitzen n-dimensionale Kugeln vom Radius r die Volumen $V_0 = 1$, $V_1 = 2r$, $V_2 = \pi r^2$ und $V_3 = 4\pi r^3/3$.

A3.4

Bestimme die Flächendichte σ der Schatten einer Population konvexer Körper aus ihrer räumlichen Dichte ϱ!
Die Anzahl der geschnittenen oder ungeschnittenen Körper in einem Volumen $A \cdot d$ ist $A \cdot d \cdot \varrho$ mit ϱ als räumlicher Dichte der Körper und A als Grundfläche der schneidenden Platte der Dicke d. Da die Körper ausgedehnt sind, muß noch ein Zusatzterm $2 \cdot \overline{B}/2$ berücksichtigt werden ($\overline{B} = \overline{M}/2\pi$ ist die mittlere Breite der geschnittenen Körper). Also erhalten wir insgesamt $N = \varrho \cdot A \cdot (d + \overline{M}/2\pi)$ als Anzahl der von der Platte getroffenen Körper. Nehmen wir nun an, die Körper seien so sparsam im Raum verteilt, daß sich ihre Schatten

nicht überlappen. Dann liefert N auch gleichzeitig die Anzahl aller Schatten. Die integralgeometrische Flächendichte σ der Schatten ist also $\sigma = N/A = \varrho(d + \overline{M}/2\pi)$.

A3.5

Löse die sechs Gleichungen (3.41) und (3.42) für die Schnittdicken d_1 und d_2 nach den insgesamt sechs Unbekannten $\overline{V}, \overline{S}, \overline{M}, \varrho, d_1, d_2$ auf!

Wenn man die drei Gleichungen (3.41) und (3.42) für zwei verschiedene Schnittdicken d_1 und d_2 nach den sechs Unbekannten $\overline{V}, \overline{S}, \overline{M}, \varrho, d_1, d_2$ auflöst, ergeben sich relativ unübersichtliche Formeln. Mit Hilfe der vier Größen $f_1 = U_1^2 - \pi^2 F_1$, $f_2 = U_2^2 - \pi^2 F_2$, $g_1 = U_1 U_2 - \pi^2 F_1$ und $g_2 = U_1 U_2 - \pi^2 F_2$ lassen sich die Formeln etwas vereinfachen:

$$\overline{M} = 2\Big(\sigma_1 U_1 - \sigma_2 U_2\Big)\Big/(\sigma_1 - \sigma_2)$$

$$\overline{S} = 4\Big(\sigma_1 F_1 - \sigma_2 F_2\Big)\Big/(\sigma_1 - \sigma_2)$$

$$\overline{V} = \Big((f_1 F_2 - g_1 F_1)\sigma_1 + (f_2 F_1 - g_2 F_2)\sigma_2\Big)\Big/\Big(\pi(\sigma_1 - \sigma_2)(U_1 - U_2)\Big)$$

$$\varrho = \pi\sigma_1\sigma_2(\sigma_1 - \sigma_2)(U_1 - U_2)\Big/\Big(f_1\sigma_1^2 - (g_1 + g_2)\sigma_1\sigma_2 + f_2\sigma_2^2\Big)$$

$$d_1 = \Big(U_1(\sigma_1 U_1 - \sigma_2 U_2) - \pi^2(\sigma_1 F_1 - \sigma_2 F_2)\Big)\Big/\pi\sigma_2(U_1 - U_2)$$

$$d_2 = \Big(U_2(\sigma_1 U_1 - \sigma_2 U_2) - \pi^2(\sigma_1 F_1 - \sigma_2 F_2)\Big)\Big/\pi\sigma_1(U_1 - U_2)$$

A3.6

Bestimme den Erwartungswert des Umfangs der orthogonalen Projektion des Einheitswürfels auf eine Ebene!

Am Ende des speziellen Abschnitts 3.1.7* ist die Rekursionsformel von Kubota für die Anzahl der Projektionen $W_k^{(n)}(K)$ eines n-dimensionalen konvexen Körpers auf eine k-dimensionale Hyperebene angegeben. Speziell gilt $W_2^{(3)} = M/3$ mit M als Integral der mittleren Krümmung. Nach Tabelle 3.1 gilt für einen Würfel mit der Kantenlänge a die Beziehung $M = 3\pi a$. Also finden wir aus $\overline{U} = M/2$ den Wert $3\pi a/2$ für den mittleren Schattenumfang (für die Kugel ergibt sich $2\pi r$).

Aufgaben Teil 4

A4.1

Ein Bogen der Figur im rechten Teil der Abbildung 4.3 sei durch die trigonometrische Funktion $p = a \cdot \sin(\varphi + \alpha)$ gegeben. Welchem Punkt (x,y) im linken Teil der Abbildung 4.3 entspricht dieser Bogen?

Eine Gerade, die durch den Punkt (c,d) senkrecht zur Richtung ψ verläuft genügt der allgemeinen Gleichung $p_{c,d} = x \cdot \cos\varphi + y \cdot \sin\varphi$ mit

$$p_{c,d} = \sqrt{c^2 + d^2} \cdot \cos(\psi - \varphi)$$
$$\cos\psi = c/\sqrt{c^2 + d^2} \quad , \quad \sin\psi = d/\sqrt{c^2 + d^2} \ .$$

Es ist also

$$p_{c,d} = \sqrt{c^2 + d^2} \cdot \cos\psi \cdot \cos\varphi + \sqrt{c^2 + d^2} \cdot \sin\psi \cdot \sin\varphi$$
$$= c \cdot \cos\varphi + d \cdot \cos\varphi \ .$$

Für jeden Winkel φ soll nun der Fußpunktabstand der entsprechenden Geraden durch den Wert $p = a \cdot \sin(\varphi + \alpha) = a \cdot \sin\varphi \cdot \cos\alpha + a \cdot \cos\varphi \cdot \sin\alpha$ gegeben sein. Also verlaufen alle diese Geraden durch den Punkt $P = (c,d) = (a \cdot \cos\alpha, a \cdot \sin\alpha)$, und ein Bogen $p = a \cdot \sin(\varphi + \alpha)$ im rechten Teil der Abbildung 4.3 entspricht diesem Punkt P im Koordinatensystem der linken Seite.

A4.2

Wenn ein Kreis vom Radius r mit seinem Zentrum im Ursprung des X-Y-Koordinatensystems liegt, dann sind die oberen und unteren Begrenzungslinien im Φ-P-Koordinatensystem durch die beiden Funktionen $p = r$ und $p = -r$ gegeben (siehe dazu Abbildung 4.1). Welche Begrenzungslinien ergeben sich, wenn das Kreiszentrum im Punkt (a,b) liegt?

Wenn der Kreismittelpunkt nach (a,b) verschoben wird, dann berührt eine senkrecht zur Richtung φ verlaufende Gerade den Kreis im Punkt $(x,y) = (a + r \cdot \cos\varphi, b + r \cdot \sin\varphi)$. Da die Gerade der Gleichung $p = x \cdot \cos\varphi + y \cdot \sin\varphi$ genügt, finden wir für die obere Begrenzungslinie die Funktion

$$p = (a + r \cdot \cos\varphi)\cos\varphi + (b + r \cdot \sin\varphi)\sin\varphi =$$
$$= r + a \cdot \cos\varphi + b \cdot \sin\varphi \ .$$

Die untere Begrenzungslinie genügt daher der einfachen Gleichung $p = -r + a \cdot \cos\varphi + b \cdot \sin\varphi$.

A4.3

Es ist die Parameterdarstellung $x=x(t)$, $y=y(t)$ einer in Normalform $x\cos\varphi + y\sin\varphi = p$ gegebenen Geraden herzuleiten.

Der Fußpunkt der Geraden ist durch $(p \cdot \cos\varphi, p \cdot \sin\varphi)$ bestimmt. Ein in Richtung der Geraden (d.h. in die Richtung $\varphi + \pi/2$) weisender Einheitsvektor besitzt die Komponenten $\Delta x = -\sin\varphi$ und $\Delta y = \cos\varphi$. Daher ist die Parameterdarstellung gegeben durch

$$\mathbf{x}_t = \begin{pmatrix} x_t \\ y_t \end{pmatrix} = \begin{pmatrix} p \cdot \cos\varphi - t \cdot \sin\varphi \\ p \cdot \sin\varphi + t \cdot \cos\varphi \end{pmatrix} \ .$$

Literaturverzeichnis

Ab46 M.Abercrombie: Estimation of nuclear population from microtome sections. Anat. Rec. <u>94</u> (1946) 239-247

Am72 G.C.Amstutz, H. Giger: Stereological methods applied to mineralogy, petrology, mineral deposits and ceramics. J. Microsc. <u>95</u> (1972) 145-164

Am73 R.V.Ambartzumian: The solution to the Buffon-Sylvester problem in $\mathbb{R}^3$. Zeitschrift für Wahrscheinlichkeitstheorie und verwandte Gebiete <u>27</u> (1973) 53

Am82 R.V.Ambartzumian: Combinatorial Integral Geometry – With Applications to Mathematical Stereology. John Wiley & Sons 1982

Am93 R.V.Ambartzumjan, J.Mecke, D.Stoyan: Geometrische Wahrscheinlichkeiten und Stochastische Geometrie. Akademie-Verlag, Berlin 1993

Ba58 G.Bach: Über die Größenverteilung von Kugelschnitten in durchsichtigen Schnitten endlicher Dicke. Z.Angew. Math. Mech. <u>38</u> (1958) 256-258

Ba59 G.Bach: Über die Größenverteilung von Kugelschnitten in durchsichtigen Schnitten endlicher Dicke. Zeitschrift Wissenschaftl. Mikroskopie <u>64</u> (1959) 265-270

Ba60 J.E.Barbier: Note sur le problème de l'ainguille et le jeu du joint couvert. J. Math Pure Appl. <u>5</u> (1860)273-286

Ba63 G.Bach: Über die Bestimmung von charakteristischen Größen einer Kugelverteilung aus der Verteilung der Schnittkreise. Zeitschrift Wissenschaftl. Mikroskopie <u>65</u> (1963) 285-290

Ba64 G.Bach: Bestimmung der Häufigkeitsverteilung der Radien kugelförmiger Partikeln aus den Häufigkeiten ihrer Schnittkreise in zufälligen Schnitten der Dicke D. Zeitschrift Wissenschaftliche Mikroskopie <u>66</u> (1964) 193-200

Ba67   G.Bach: Bestimmung von Größenverteilungen von Strukturen aus Schnitten. In: R. Weibel, H.Elias (eds.): Quantitative Methods in Morphology. Springer-Verlag 1967, pp. 21-45

Be00   R.Bellairs: Michael Abercrombie (1912–1979). Int.J. Dev.Biol. 44 (2000) 23-28

Be88   J.Bertrand: Calcul des probabilités. Gauthier-Villes, Paris 1888

Bl18   W.Blaschke: Eine isoperimetrische Eigenschaft des Kreises. Mathematische Zeitschrift 1 (1918) 52-57

Bl36   W.Blaschke: Integralgeometrie – Teil 13: Zur Kinematik. Mathematische Zeitschrift 41 (1936) 465-479

Bl37   W.Blaschke: Vorlesungen über Integralgeometrie. 1.Auflage, Berlin 1937

Bl55   W.Blaschke: Vorlesungen über Integralgeometrie. 3.Auflage, Deutscher Verlag der Wissenschaften, Berlin 1955

Bo20   T.Bonnesen: Beviser for nogle saetninger om konvekse kurver. Nyt Tidskr. Mat. 31 (1920) 47-54

Bo21   T.Bonnesen. Beviser for saetningen, at cirkeln har et storre Areal end enhver anden Figur med samme perimeter med en skaerpelse af den isoperimetriske ulighed og en anvendelse paa konvekse Legemer. Mat. Tidskr.1 (1921) 1-16

Bo21b T.Bonnesen. Über eine Verschärfung der isoperimetrischen Ungleichung des Kreises in der Ebene und auf der Kugeloberfläche nebst einer Anwendung auf eine Minkowskische Ungleichheit für konvexe Körper. Math. Annalen 84 (1921) 216-227

Bo24   T.Bonnesen: Über das isoperimetrische Defizit ebener Figuren. Math. Annalen 91 (1924) 252–268

Bo26 T.Bonnesen: Quelques problèmes isopérimétriques. Acta Mathem. $\underline{48}$ (1926)123-178

Bo34 T.Bonnesen, W.Fenchel: Theorie der konvexen Körper. Springer-Verlag Berlin 1934

Bo40 S.T.Bok: The size of the body and the size and the number of the nerve cells in the cerebral cortex. Acta Neurol. Morphol. $\underline{3}$ (1940) 1-22

Bo72 J.Bokowski, H.Hadwiger, J.Wills: Eine Ungleichung zwischen Volumen, Oberfläche und Gitterpunktanzahl konvexer Körper im n-dimensionalen euklidischen Raum. Mathematische Zeitschrift $\underline{127}$ (1972) 363-364

Br79 J.N.Bronstein, K.A.Semendjajew: Taschenbuch der Mathematik (Kapitel 4.3). Teubner Verlagsgesellschaft 1979

Bu77 G.L.L.Buffon: Essay d'arithmétique morale. Suppl. à l'histoire natur. IV, Paris 1777

Ca41 A.Cauchy: Note sur divers théorèms relativs à la rectification. Comptes Rendus Paris $\underline{13}$ (1841) 1060-1065

Ca59 J.W.Cahn, J.Nutting: Transmission quantitative matallography. Trans.Metallogr. Soc. AIME $\underline{215}$ (1959) 526-528

Ca83 M.P. do Carmo: Differentialgeometrie von Kurven und Flächen. Verlag Vieweg, Braunschweig 1983

Ch24 C.V.L.Charlier, S.D.Wicksell: On the dissection of frequency functions – mixture decomposition using moment methods. Arkiv for Matematik Astronomi och Fysik $\underline{18}$ (1924) 26

Co63 A.M.Cormack: Representation of a function by its line integrals, with some radiological applications. J.Appl. Phys. $\underline{34}$ (1963) 2722

Co64   A.M.Cormack: Representation of a function by its line integrals, with some radiological applications – part 2. J. Appl. Phys. 35 (1964) 2908

Co69   R.Coleman: Random paths through convex bodies. J. Appl. Probab. 6 (1969) 430-441

Co72   R.Coleman: Sampling procedures for the lengths of random straight lines. Biometrika 59 (1972) 415-426

Co81   R.Coleman: Intercept length of random probes through boxes. J.Appl. Probab. 18 (1981) 276-282

Cr03   L.M.Cruz-Orive: Estereología – Punto de encuentro de la geometría integral, la probabilidad y la Estadística en memoria.del profesor L.A.Sántalo (1911–2001). La Gaceta de la RSME 6 (2003) 469-513

Cr68   M.W.Crofton: On the theory of local probability applied to straight lines drawn at random in a plane. Trans. Royal Soc. London 158 (1868) 181-189

Cr69   M.W.Crofton, M.J.A.Serret: Sur quelques téorèms de calcul intégral. Comptes Rendus Acad.Sc.Paris 68 (1869) 1467-1470

Cr76   L.M.Cruz-Orive: Correction of stereological parameters from biased samples on nucleated particle phases. Proc. 4th Int. Congr.Stereology Wasington 1976, pp. 79-82

Cr77   M.W.Crofton: Geometrical theorems related to mean values. Proc.London Math.Soc. 8 (1877) 304-309

Cr80   L.M.Cruz-Orive: on the estimation of particle number. J. Microscopy 120 (1980) 15-27

Cr86   L.M.Cruz-Orive, E.B.Hunziker: Stereology for anisotropic cells. J.Microscopy 143 (1986) 47

De47   M.A.Delesse: Procédé mécanique pour déterminer la composition des roches. Compt. Rend. Acad. Sci. Paris $\underline{25}$ (1847) 544-545

De48   M.A.Delesse: Procédé mécanique pour déterminer la composition des roches. Annales des Mines $\underline{13}$ (1848) 379-388

Du77   M.C.Durand, G.Barbery, J.Hucher, J.Grolier: Stereologie de quelques polyedres simples. Proc. 2nd Sympos. Europeen de Stereologie. 1977, pp.228

Eb65   S.O.E.Ebbeson, D.Tang: A method for estimating the number of cells in histological sections. J.R. Microsc. Soc. $\underline{84}$ (1965) 449-464

El83   H.Elias, D.M.Hyde: A Guide to Practical Stereology. Karger, Basel 1983

En78   E.G.Enns, P.F.Ehlers: Random path through a convex region. J.Appl. Probab. $\underline{15}$ (1978) 144-152

Fu11   P. Funk: Über Flächen mit lauter geschlossenen geodätischen Linien. Dissertation Georg-August-Universität Göttingen 1911

Fu13   P. Funk: Über Flächen mit lauter geschlossenen geodätischen Linien. Math. Ann. $\underline{74}$ (1913) 278-300

Fu16   P. Funk: Über eine geometrische Anwendung der Abelschen Integralgleichung. Math. Ann. $\underline{77}$ (1916) 129-135

Fu53   R.L.Fullman: Measurement of particle sizes in opaque bodies. J.Metals $\underline{5}$ (1953) 447-452

Ga95   R.Gardner: Geometric Tomography. Cambridge University Press New York 1995.

Ge03   I.M.Gelfand, S.G.Gindikin, M.I.Graev: Selected Topics in Integral Geometry. Translations of Mathematical Monographs, Vol. 220, American Mathematical Society 2003

Gi67   H.Giger: Ermittlung der mittleren Maßzahlen von Partikeln eines Körpersystems durch Messungen auf dem Rand eines Schnittbereiches. ZAMP 18 (1967) 883-888

Gi70   H.Giger, H.Riedwyl: Bestimmung der Größenverteilung von Kugeln aus Schnittkreisradien. Biom.Zeitschr. 12 (1970) 156-168

Gi87   W.Gille: The intercept length distribution density of a cylinder of revolution. Experim. Technik der Physik 35 (12987) 93-98

Gi88   W.Gille: The chord length distribution density of parallelepipeds with their limiting cases. Experim. Technik der Physik 36 (1988) 197-208

Gl33   A.A.Glagolev: Über die geometrische Methode der quantitativen Analyse von Gesteinen (russ.). Trans. Inst. Econ. Min. Moskow 59 (1933) 1-47

Gl41   A.A.Glagolew: Geometrische Methoden der quantitativen Analyse von Aggregaten unter dem Mikroskop (russ.). Gosgeolizdat, Lwow 1941

Gn68   B.W.Gnedenko: Lehrbuch der Wahrscheinlichkeitsrechnung. Akademie-Verlag Berlin 1968, S. 31

Go67   P.L.Goldsmith: The calculation of the true particle size distributions from the sizes observed in a thin slice. Brit. J. Appl. Phys. 18 (1967) 813-830

[Gr83] P.Gruber, J.Wills (ed.): Convexity and its applications. Birkhäuser 1983

Gr93   P.M.Gruber, J.M.Wills (eds): Handbook of Convex Geometry. North-Holland 1993

Gu77   H.J.G.Gundersen: Notes on the estimation of the numerical density of arbitrary profiles: the edge effect. Journal of Microscopy <u>111</u> (1977) 219–223

Gu86   H.J.G. Gundersen, (1986) Stereology of arbitrary particles. A review of unbiased number and size estimators and the presentation of some new ones, in memory of William R. Thompson. Journal of. Microscopy <u>143</u> (1986) 3-45

Ha40   H.Hadwiger: Über Parallelinvarianten bei Eibereichen. Comment.Math.Helv. 13 (1940) 252-256

Ha42   H.Hadwiger: Über Parallelinvarianten bei Eikörpern. Comment.Math.Helv. 15 (1942) 33-35

Ha51   H.Hadwiger: Beweis eines Funktionalsatzes für konvexe Körper. Abh. Math.Sem.Univ. Hamburg 17 (1951) 69-76

Ha54   H.Hadwiger: Zur kinematischen Hauptformel der Integralgeometrie. Proc. Int. Math. Congr. 2 (1954) 225

Ha55   H.Hadwiger: Altes und Neues über konvexe Körper. Birkhäuser, Basel, Stuttgart 1955

Ha57   H.Hadwiger: Vorlesungen über Inhalt, Oberfläche und Isoperimetrie. Springer-Verlag Berlin 1957

Ha74   E.F.Harding, D.G.Kendall (eds.): Stochastic Geometry. Wiley & Sons, London/New York 1974

Ha79   H.Hadwiger: Gitterpunktanzahl im Simplex und Will'sche Vermutung. Math.Ann. <u>239</u> (1979) 271-288

Ha80   H.Haug: The scope of stereology. Proc. 5th Intern.Congress for Stereology, Salzburg 1979. Mikroskopie 37 (1980) 9-12

He53   D.Hemmi, T.Kubota: Some problems of minima concerning the oval. Journ. Math. Soc. Japan 5 (1953) 372-389

He54   D.Hemmi: The minimum area of convex curves for given perimeter and diameter. Proc. Japan. Acad. 30 (1954) 791-796

He80   G.T.Herman: Image Reconstruction from Projections – The Fundamentals of Computerized Tomography. Academic Press, New York, 1980

Ho72   G.N.Hounsfield: A method of and apparatus for examination of a body by radiation such as X-ray or gamma radiation. Patent Specification 1283915 (1972)

Hu53   F.C.Hull, W.J.Houk: Statistical grain structure studies. Trans. AIME 197 (1953) 565

It70   H.Itoh: An analytical expression of the intercept length distribution of cubic particles. Metallography 3 (1970) 407-417

Ka87   M.Kalisnik, Z.Pajer: Simplified differential counting of particles in light microscopy. Proc. 4th Europ.Sympos. Stereology Göteborg 1985. Acta Stereologica 6 Supplem. 1 (1987) 121-126

Ke63   M.G.Kendall, P.A.P.Moran: Geometrical Probability. Griffin, London 1963

Ke99   D.G.Kendall, D.Barden, T.K.Carne, H.Le: Shape and Shape Theory. Wiley & Sons 1999

Kn32   H.Kneser, W.Süss: Die Volumina in linearen Scharen konvexer Körper. Mat.Tidskr.B 1 (1932) 19-25

Kn34   H.Knothe: Zur differentiellen Liniengeometrie einer zwölfgliedrigen Gruppe. Mathem. Zeitschrift $\underline{38}$ (1934)

Kn37   H.Knothe: Über Ungleichungen bei Sehnenpotenzintegralen. Deutsche Mathematik $\underline{2}$ (1937) 544-551

Kn57   H.Knothe: Contributions to the theory of convex bodies. Michigan Math. Journ. $\underline{4}$ (1957) 39-52

Kn63   H.Kneser: Schnitte durch Tetraeder. Proc. 1st Intern. Congr. Stereologie, Wien 1963, part 11, pp. 1

Ko69   S.Komenda, V.Perinova, A.Bayer: Die mikroskopische Bestimmung der Größenverteilung von Kugelelementen, die zufällig in gewisser Umwelt verstreut sind. Biom. Zeitschr. $\underline{11}$ (1969) 73-91

Kr03   A.Kripfganz: Hemmi–Polyeder. Habilitationsschrift Fakultät für Mathematik und Informatik der Universität Leipzig 2003

Kr35   W.C.Krumbein: Thin-section mechanical analysis of indurated sediments. J.Geology $\underline{43}$ (1935) 482-496

Ku23   T.Kubota: Einige Ungleichheitsbeziehungen über Eilinien und Eiflächen. Sci. Rep. Tohoku Univ. $\underline{12}$ (1923) 45-65

Ku24   T.Kubota: Eine Ungleichheit für Eilinien. Mathem. Zeitschrift $\underline{20}$ (1924) 264–266

Ku25   T.Kubota: Über konvex-geschlossene Mannigfaltigkeiten im n-dimensionalen Raum. Sci.Rep. Tohoku Univ. $\underline{14}$ (1925) 85-99

Le00   V.F. Leavers: Statistical properties of the hybrid Radon-Fourier technique. Proc.11th British Machine Vision Conference, Bristol Sept. 2000, pp.152-161

Le80   K.Leichtweiß: Konvexe Mengen. Deutscher Verlag der Wissenschaften, Berlin 1980

Le98   K.Leichtweiß.: Affine Geometry of Convex Bodies. Verlag Johann Ambrosius Barth, Heidelberg 1998

Ma75   G.Matheron: Random Sets and Integral Geometry. Wiley & Sons New York, London 1975

Me32   K.Menger: Kurventheorie. Teubner Verlag, Leipzig 1932

Me90   J.Mecke, R.Schneider, D.Stoyan, W.Weil: Stochastische Geometrie. Birkhäuser, Basel 1990

Mi03   H.Minkowski: Volumen und Oberfläche. Mathem. Annalen $\underline{57}$ (1903) 447-495

Mi04   H. Minkowski: On bodies of constant width (in Russian), Mat. Sbornik $\underline{25}$ (1904) 505-508. Deutsche Übers. in „Gesammelte Abhandlungen" 2, Teubner-Verlag Leipzig 1911, pp. 277-279

Mi12   H.Minkowski: Geometrie der Zahlen. Teubner Leipzig 1912

Mi76   R.E.Miles: Estimating aggregate and overall characteristics from thick sections by transmission microscopy. J.Microsc. $\underline{107}$ (1976) 227-233

Mi78   R.E.Miles, J.Serra: En matiere d'introduction. In: R.E.Miles, J.Serra: Geometrical Probability and Biological Structures. Springer Berlin/ Heidelberg 1978, pp. 3-20

Mi79   R.E.Miles: Some new integral geometric formulae with stochastic applications. J.Appl.Prob. $\underline{16}$ (1979)

Mi80   R.E.Miles: The stereological application of integrals of power of curvature and absolute curvature for planar curve data. Mikroskopie $\underline{37}$ (1980) 27-31

Mi89   H.Minkowski: Ausgewählte Arbeiten zur Zahlentheorie und zur Geometrie. Teubner, Leipzig 1989

Mi97   H.Minkowski: Allgemeine Lehrsätze über konvexe Polyeder. Nachr. Ges. Wiss. Göttingen (1897) 198-219

Mo66   P.A.P.Moran: A note on recent research in geometrical probability. Journal of Applied Probability $\underline{3}$ (1966) 453-463

Mo72   P.A.P Moran: The probabilistic basis of stereology. Special Supplement Adv. Appl. Probability $\underline{4}$ (1972) 69–91

Mu88   K.Murakami, H.Koshimizu, K.Hasegawa: An algorithm to extract convex hull in Hough space. Proc. 4th Int. Conf. on Pattern Recognition, 1988

My63   E.J.Myers: Sectioning of polyhedrons. Proc. 1st Intern. Congress of Stereology, Wien 1963, p.15

Na61   J.Naas, H.L.Schmid: Mathematisches Wörterbuch. Akademie-Verlag Berlin 1961

Na86   F. Natterer: The Mathematics of Computerized Tomography. John Wiley & Sons, New York 1986

Po96   H.Poincaré: Calcul des Probabilités. Gauthier-Villars, Paris 1896

Ra17   J.Radon: Über die Bestimmung von Funktionen durch ihre Integralwerte längs gewisser Mannigfaltigkeiten. Berichte und Verhandlungen der Sächsischen Akademie der Wissenschaften, Math./Nat. Klasse $\underline{69}$ (1917) 262-277

Re75   F.Reuleaux: Theoretische Kinematik. Vieweg-Verlag Braunschweig 1875

Ri80   J.Riss, M.C.Durand: Stereological properties of polyhedra. Proc. 5th Intern.Congr. of Stereology Salzburg 1979. Mikroskopie 37 Suppl. (1980) 387-389

Ri81   B.D.Ripley: Spatial Statistics. Wiley & Sons London/New York 1981

Ri90   H.Riedwyl: Rudolf Wolf's contribution to the Buffon needle problem (an early Monte Carlo experiment) and application of least squares. The American Statistician 44 (1990) 138-139

Ro78   J.Roger: Buffon and mathematics. In: In: R.E.Miles, J.Serra: Geometrical Probability and Biological Structures. Springer Verlag Berlin/Heidelberg 1978, pp. 29-35

Ro98   A. Rosiwal: Über geometrische Gesteinsanalysen - ein einfacher Weg zur ziffernmäßigen Feststellung des Quantitätsverhältnisses der Mineralbestandtheile gemengter Gesteine. Verhandlungen der Kaiserlich-Königlichen Geologischen Reichsanstalt Wien 15 (1898) 143-175

Sa35   L.A.Santaló: Geometría integral – sobre la medida cinemática en el plano. Abhandl. Mathem. Seminar Hamburg 11 (1935) 222-236

Sa36   L.A.Santaló: Über die kinematische Dichte im Raum. Actualités scientifiques et industrielles 357, Hermann et Co, Pais 1936

Sa53   L.A.Santaló: Introduction to Integral Geometry. Hermann, Paris 1953

Sa60   H.Sachs: Ungleichungen für Umfang, Flächeninhalt und Trägheitsmoment konvexer Körper. Acta Math. Acad. Sci. Hung. 11 (1960) 103-115

Sa67   S.A.Saltykow: Stereology. Springer New York 1967

Sa74   S.A.Saltykow: Stereometrische Metallographie. Deutscher Verlag für Grundstoffindustrie, Leipzig, 1974

Sa76   L.A.Santaló: Integral Geometry and Geometric Probability. Addison-Wesley, Reading/ Mass. 1976

Sc00   R.Schneider, W.Weil: Stochastische Geometrie, Teubner. Stuttgart 2000

Sc04   R.Schneider: Discrete aspects of stochastic geometry. In: J.E.Goodman, J.O'Rourke (eds.): „Handbook of Discrete and Computational Geometry", Chapman & Hall 2004, pp. 255-278.

Sc31   E.Scheil: Die Berechnung der Anzahl und Größenverteilung kugelförmiger Kristalle in undurchsichtigen Körpern mit Hilfe der durch einen ebenen Schnitt erhaltenen Schnittkreise. Z. Anorg. Allg. Chemie $\underline{201}$ (1931) 259-264

Sc70   R.Schneider, W.Weil: Über die Bestimmung eines konvexen Körpers durch die Inhalte seiner Projektionen. Mathem. Zeitschrift $\underline{116}$ (1970) 338–348

Sc74   W.Schubert, K.Voss: Zur numerischen Auswertung von Schnittflächenverteilungen I. Biom.Zeitschr. $\underline{16}$ (1974) 55-67

Sc75   A.Schleicher, K.Zilles, F.Wingert, H.J.Kretschmann: Bestimmung der Anzahl von Zellen mit mehr als einem Nukleolus im histologischen Schnittpräparat. Microscop. Acta $\underline{77}$ (1975) 316-330

Sc88   R.Schneider: Random approximations of convex sets. J. Microsc. $\underline{151}$ (1988) 211-227

Sc92 R.Schneider, W.Weil: Integralgeometrie. Teubner, Stuttgart 1992

Sc93 R.Schneider: Convex Bodies – The Brunn-Minkowski Theory. New York /Cambridge University Press 1993

Se03 S.L.Segal: Mathematicians under the Nazis. Princeton Univ. Press 2003

Se84 J.Serra: Image Analysis and Mathematical Morphology. Academic Press, London 1984

St40 J.Steiner: Über parallele Flächen. Monatsberichte Akademie der Wissenschaften, Berlin (1840), S. 114-118

St66 M.I.Stoka, R.Theodorescu: Probabilitate si Geometrie. Ed. Stiintifica Bucuresti 1966

St68 M.I.Stoka: Géométrie Intégrale. Gauthier-Villars, Paris 1968

St82 M.I.Stoka: Probabilità e Geometria. Herbita Ed. Palermo, 1982

St83 D.Stoyan, J.Mecke: Stochastische Geometrie. Akademie Verlag, Berlin 1983

St84 D.C.Sterio: The unbiased estimation of number and sizes of arbitrary particles using the disector. J. Microsc. $\underline{134}$ (1984) 127-136

St87 D.Stoyan, W.S.Kendall, J.Mecke: Stochastic Geometry and Its Applications. Akademie-Verlag, Berlin 1987

St95 D.Stoyan, W.S.Kendall, J.Mecke: Stochastic Geometry and its Applications, Wiley & Sons 1995

Su62 R.Sulanke: Die Verteilung der Sehnenlänge an ebenen und räumlichen Figuren. Math. Nachr. $\underline{23}$ (1962) 51-74

Su63 R.Sulanke, A.Rényi: Über die konvexe Hülle von n zufällig gewählten Punkten. Zeitschr. Wahrscheinlichkeitstheorie $\underline{2}$ (1963) 75-84

Su66 R.Sulanke: Integralgeometrie ebener Kurvennetze. Acta Math. Hung. $\underline{17}$ (1966) 233-261

Su72 R.Sulanke, P.Wintgen: Zufällige konvexe Polyeder im N-dimensionalen euklidischen Raum. Periodica Math. Hung. $\underline{2}$ (1972) 1-4

To45 S.I.Tomkeieff: Linear intercepts, areas and volumes. Nature $\underline{155}$ (1945) 24

Un70 E.E.Underwood: Quantitative Stereology. Addison-Wesley 1970

Un72 E. E. Underwood: Stereology and Quantitative Metallography. Addison-Wesley 1972

Vi58 R.Virchow: Cellularpathologie. Hirschwald, Berlin 1858

Vo78 K.Voss: Zur numerischen Auswertung von Schnittflächen-verteilungen.IV. Biom.J. $\underline{20}$ (1978) 425-434

Vo80 K.Voss: Exakte stereologische Formeln und Näherungslösungen für konvexe Körper. Elektron. Inform. Verarb. Kybernetik EIK $\underline{16}$ (1980) 485-491

Vo82 K.Voss: Frequencies of n-polygons in planar sections of polyhedra. J.Microscopy $\underline{128}$ (1982) 111-120

Vo84 K.Voss: Planar random sections of polyhedrons. Elektronische Informationsverarbeitung und Kybernetik EIK $\underline{20}$ (1984) 295-299

Vo85 K.Voss, D.Stoyan: On the stereological estimation of numerical density of particle systems by an object counting method. Biometr.J. 27 (1985) 919-924

Vo93 K.Voss: Discrete Images, Objects, and Functions in Z^n. Springer-Verlag Berlin 1993

Wa81 R.Warren, M.C.Durand: The stereology of particle shape using computer simulation. Proc. 3rd Europ. Sympos. of Stereology Ljubljana 1981. Stereologica Iugoslavica 3 Suppl. 1 (1981) 145-151

We63 E.R.Weibel: Morphometry of the Human Lung. New York 1963

We67 E.R.Weibel, H.Elias: Quantitative Methods in Morphology, Springer, Berlin, 1967

We79 E.R.Weibel: Stereological Methods. Vol.1. Academic Press, London 1979

We80 E.R.Weibel: Stereological Methods. Vol.2. Academic Press, London 1980

We86 E.R.Weibel: Working in morphometry. Current Contents 10 (3/1986) 21

We90 H.Wechsler: Computational Vision. Academic Press 1990

We93 M.J.West: New stereological methods for counting neurons. Neurobiology of Aging 14 (1993) 275-285

Wi25 S.D.Wicksell: The corpuscle problem – a mathematical study of a biometric problem. Biometrika 17 (1925) 84-99

Wi26 S.D.Wicksell: The corpuscle problem II – Case of ellipsoidal corpuscles. Biometrika 18 (1926) 152-172

Wu38 T.J.Wu: Integralgeometrie 26 – Über die kinematische Haupt-
      formel. Mathem. Zeitschrift 43 (1938) 212 -227

Ze81 H.Zeitler: Über Gleichdicks. Didaktik der Mathematik 4 (1981)
      250-275

Sachwort- und Namensverzeichnis

Printed in the United States
By Bookmasters